上海市工程建设规范

预制混凝土夹心保温外墙板应用技术标准

Technical standard for precast concrete sandwich wall panel

DG/TJ 08—2158—2023
J 13019—2023

主编单位：上海市建筑科学研究院有限公司
　　　　　同济大学
　　　　　中国建筑第八工程局有限公司
批准部门：上海市住房和城乡建设管理委员会
施行日期：2023 年 6 月 1 日

同济大学出版社

2023　上海

图书在版编目(CIP)数据

预制混凝土夹心保温外墙板应用技术标准/上海市建筑科学研究院有限公司,同济大学,中国建筑第八工程局有限公司主编. —上海：同济大学出版社,2023.7
ISBN 978-7-5765-0858-1

Ⅰ. ①预… Ⅱ. ①上…②同…③中… Ⅲ. ①混凝土结构-预制结构-夹心结构-保温板-墙板-技术标准-中国 Ⅳ. ①TU756.4-65

中国国家版本馆 CIP 数据核字(2023)第 120310 号

预制混凝土夹心保温外墙板应用技术标准

上海市建筑科学研究院有限公司
同济大学　　　　　　　　　　　主编
中国建筑第八工程局有限公司

责任编辑	朱　勇	
责任校对	徐春莲	
封面设计	陈益平	
出版发行	同济大学出版社　www.tongjipress.com.cn	
	(地址：上海市四平路1239号　邮编：200092　电话：021-65985622)	
经　　销	全国各地新华书店	
印　　刷	浦江求真印务有限公司	
开　　本	889mm×1194mm　1/32	
印　　张	3.875	
字　　数	104 000	
版　　次	2023年7月第1版	
印　　次	2023年7月第1次印刷	
书　　号	ISBN 978-7-5765-0858-1	
定　　价	40.00元	

本书若有印装质量问题,请向本社发行部调换　　版权所有　侵权必究

上海市住房和城乡建设管理委员会文件

沪建标定〔2023〕15 号

上海市住房和城乡建设管理委员会 关于批准《预制混凝土夹心保温外墙板应用技术标准》 为上海市工程建设规范的通知

各有关单位：

  由上海市建筑科学研究院有限公司、同济大学、中国建筑第八工程局有限公司主编的《预制混凝土夹心保温外墙板应用技术标准》，经我委审核，现批准为上海市工程建设规范，统一编号为DG/TJ 08—2158—2023，自 2023 年 6 月 1 日起实施。原《预制混凝土夹心保温外墙板应用技术标准》DG/TJ 08—2158—2017 同时废止。

  本标准由上海市住房和城乡建设管理委员会负责管理，上海市建筑科学研究院有限公司负责解释。

  特此通知。

上海市住房和城乡建设管理委员会

2023 年 1 月 12 日

前 言

根据上海市住房和城乡建设管理委员会《关于印发〈2020年上海市工程建设规范编制计划（第二批）〉的通知》（沪建标定〔2020〕574号）的要求，由上海市建筑科学研究院有限公司、同济大学和中国建筑第八工程局有限公司会同有关单位对《预制混凝土夹心保温外墙板应用技术标准》DG/TJ 08—2158—2017 进行修订。

本标准主要内容有：总则；术语和符号；基本规定；材料；建筑设计；预制混凝土夹心保温剪力墙板结构设计；预制混凝土夹心保温外挂墙板结构设计；生产运输；安装；质量验收；日常维护。

本标准修订的主要技术内容包括：

1. 增加双面叠合混凝土夹心保温剪力墙板的相关内容。

2. 增加片式、针式不锈钢连接件的性能和试验方法；增加连接件抗拔承载力和抗剪承载力标准值要求；增加连接件和墙板的设计计算方法。

3. 完善墙板板边构造要求，完善防水设计的相关内容。

4. 给出常用保温材料不同厚度对应的墙板传热系数，方便热工设计选用。

5. 增加日常维护的相关内容。

6. 完善建筑设计、结构设计、生产运输、安装和质量验收等相关内容。

各单位及相关人员在执行本标准过程中，请注意总结经验和积累资料，并将有关意见和建议反馈至上海市住房和城乡建设管理委员会（地址：上海市大沽路100号；邮编：200003；E-mail：shjsbzgl@163.com），上海市建筑科学研究院有限公司《预制混凝土夹心保温外墙板应用技术标准》编制组(地址:上海市申富路568号;邮编:201108;E-mail:guanwenn@vip.sina.com),上海市建筑建材业市场管理总站(地址:上海市小木桥路683号;邮编:200032;E-mail:shgcbz@163.com),以供今后修订时参考。

主 编 单 位: 上海市建筑科学研究院有限公司
  同济大学
  中国建筑第八工程局有限公司

参 编 单 位: 上海市建工设计研究总院有限公司
  上海城建物资有限公司
  上海建工建材科技集团股份有限公司
  宝业集团股份有限公司
  上海兴邦建筑技术有限公司
  上海师范大学

参 加 单 位: 佩克建筑材料(中国)有限公司
  HAZ(北京)建筑科技有限公司
  上海东方雨虹防水技术有限责任公司
  力维拓(中国)建筑科技有限公司
  南京斯贝尔复合材料仪征有限公司
  上海良浦住宅工业有限公司
  上海圣奎塑业有限公司

主要起草人: 王　琼　薛伟辰　亓立刚　管　文　李　亚
  廖显东　宋　刚　陈　宁　范宏武　黄　谦
  张士前　栗　新　李戬宓　朱永明　朱敏涛
  恽燕春　王润东　汪　梁　楼小航　江佳斐
  梁　梁　丁　泓　沈　俊　朱　斌　李亚鹏
  陈春荣　陈　娟　熊进凤　赵　斌　刘丙强

主要审查人: 马海英　李伟兴　苏宇峰　罗玲丽　周　东
  田培云　曹一峰

上海市建筑建材业市场管理总站

目 次

1 总则 ·· 1
2 术语和符号 ·· 2
　2.1 术语 ·· 2
　2.2 符号 ·· 3
3 基本规定 ·· 6
4 材料 ··· 7
　4.1 预制混凝土夹心保温外墙板 ····································· 7
　4.2 混凝土、钢筋和钢材 ·· 8
　4.3 保温材料 ·· 8
　4.4 连接件和连接材料 ·· 9
　4.5 防水材料 ··· 11
　4.6 其他材料 ··· 12
5 建筑设计 ··· 13
　5.1 一般规定 ··· 13
　5.2 防水设计 ··· 13
　5.3 防火设计 ··· 22
　5.4 隔声设计 ··· 22
　5.5 热工设计 ··· 23
6 预制混凝土夹心保温剪力墙板结构设计 ························· 26
　6.1 一般规定 ··· 26
　6.2 作用及作用组合 ·· 26
　6.3 构件与连接设计 ·· 27
　6.4 构造要求 ··· 31

- 7 预制混凝土夹心保温外挂墙板结构设计 ………………… 33
  - 7.1 一般规定 …………………………………………… 33
  - 7.2 作用及作用组合 …………………………………… 34
  - 7.3 构件与连接设计 …………………………………… 36
  - 7.4 构造要求 …………………………………………… 36
- 8 生产运输 ………………………………………………… 38
  - 8.1 一般规定 …………………………………………… 38
  - 8.2 原材料检验 ………………………………………… 38
  - 8.3 制 作 ……………………………………………… 39
  - 8.4 出厂检验 …………………………………………… 41
  - 8.5 存放和运输 ………………………………………… 45
- 9 安 装 …………………………………………………… 47
  - 9.1 一般规定 …………………………………………… 47
  - 9.2 安装准备 …………………………………………… 48
  - 9.3 预制混凝土夹心保温剪力墙板安装 ……………… 49
  - 9.4 预制混凝土夹心保温外挂墙板安装 ……………… 55
- 10 质量验收 ……………………………………………… 57
  - 10.1 一般规定 ………………………………………… 57
  - 10.2 构件验收 ………………………………………… 57
  - 10.3 安装验收 ………………………………………… 59
- 11 日常维护 ……………………………………………… 64
- 附录 A 不锈钢连接件抗拔承载力和抗剪承载力试验方法 ………………………………………………………… 65
- 本标准用词说明 …………………………………………… 75
- 引用标准名录 ……………………………………………… 76
- 条文说明 …………………………………………………… 79

Contents

1 General ·· 1
2 Terms and symbols ·· 2
   2.1 Terms ··· 2
   2.2 Symbols ··· 3
3 Basic regulations ·· 6
4 Materials ··· 7
   4.1 Precast concrete sandwich wall panel ···························· 7
   4.2 Concrete, steel reinforcement and steel ························· 8
   4.3 Thermal insulation materials ·· 8
   4.4 Connector and connection materials ······························ 9
   4.5 Water-proof materials ·· 11
   4.6 Other materials ··· 12
5 Architectural design ··· 13
   5.1 General regulations ··· 13
   5.2 Water-proof design ··· 13
   5.3 Fire protection design ·· 22
   5.4 Acoustic design ··· 22
   5.5 Thermal design ··· 23
6 Structural design of precast concrete sandwich shear panel ·· 26
   6.1 General regulations ··· 26
   6.2 Action and action combination ··································· 26
   6.3 Component and connection design ······························ 27
   6.4 Detailing requirements ·· 31

- 7 Structural design of precast concrete sandwich facade panel 33
  - 7.1 General regulations 33
  - 7.2 Action and action combination 34
  - 7.3 Component and connection design 36
  - 7.4 Detailing requirements 36
- 8 Production and transportation 38
  - 8.1 General regulations 38
  - 8.2 Rawmaterial inspection 38
  - 8.3 Manufacture 39
  - 8.4 Outgoing inspection 41
  - 8.5 Storage and transportation 45
- 9 Installation 47
  - 9.1 General regulations 47
  - 9.2 Installation preparation 48
  - 9.3 Precast concrete sandwich shear panel installation 49
  - 9.4 Precast concrete sandwich facade panel installation 55
- 10 Quality acceptance 57
  - 10.1 General regulations 57
  - 10.2 Componet acceptance 57
  - 10.3 Installation acceptance 59
- 11 General maintenance 64
- Appendix A Test of tensile and shear performance of stainless steel connectors anchored into concrete 65
- Explanation of wording in this standard 75
- List of quoted standards 76
- Explanation of provisions 79

1 总　则

1.0.1 为促进装配式建筑的发展,规范预制混凝土夹心保温外墙板的设计、生产运输、安装、质量验收、日常维护,做到安全适用、技术先进、确保质量、保护环境,制定本标准。

1.0.2 本标准适用于上海市新建居住建筑和公共建筑的预制混凝土夹心保温外墙板设计、生产运输、安装、质量验收、日常维护。

1.0.3 预制混凝土夹心保温外墙板的设计、生产运输、安装、质量验收、日常维护,除应符合本标准外,尚应符合国家和上海市现行有关标准的规定。

2 术语和符号

2.1 术　语

2.1.1 预制混凝土夹心保温外墙板　precast concrete sandwich wall panel

由内叶墙板、夹心保温层、外叶墙板和连接件组成的复合类预制混凝土墙板,简称预制夹心外墙板。预制夹心外墙板可分为预制混凝土夹心保温剪力墙板和预制混凝土夹心保温外挂墙板。

2.1.2 预制混凝土夹心保温剪力墙板　precast concrete sandwich shear panel

起承重、保温及装饰作用的预制夹心外墙板,简称预制夹心剪力墙板。预制夹心剪力墙板可分为预制实心混凝土夹心保温剪力墙板和双面叠合混凝土夹心保温剪力墙板。

2.1.3 预制混凝土夹心保温外挂墙板　precast concrete sandwich facade panel

安装在主体结构外侧,起围护、保温及装饰作用的非承重预制夹心外墙板,简称预制夹心外挂墙板。

2.1.4 预制实心混凝土夹心保温剪力墙板　precast solid concrete sandwich shear wall panel

内叶墙板为实心混凝土构造的预制夹心剪力墙板。

2.1.5 双面叠合混凝土夹心保温剪力墙板　double composite concrete sandwich shear wall panel

内叶墙板为叠合混凝土构造的预制夹心剪力墙板,简称双面叠合夹心剪力墙板。

2.1.6 连接件 connector

用于连接预制夹心外墙板中内、外叶混凝土墙板，使内、外叶混凝土墙板形成整体的连接器。

2.1.7 钢筋套筒灌浆连接 grout sleeve splicing of rebars

在金属套筒中插入单根带肋钢筋并注入灌浆料拌合物，通过拌合物硬化形成整体并实现传力的钢筋对接连接方式。

2.1.8 钢筋浆锚搭接连接 rebar lapping in grout-filled hole

在预制混凝土构件中预留孔道，在孔道中插入需搭接的钢筋，并灌注水泥基灌浆料而实现的钢筋搭接连接方式。

2.1.9 螺栓连接 bolted connection

在预制夹心剪力墙板内预埋螺栓连接器或设置暗梁、暗墩等简化构造形式，在螺栓连接器或暗梁、暗墩的孔道中插入需连接的、顶端带螺纹的钢筋，通过紧固螺帽并灌注水泥基灌浆料而实现的钢筋连接方式。

2.1.10 隔离层材料 isolation layer material

设置在预制混凝土夹心保温墙板顶边或窗洞封边处，起隔离内、外叶墙板混凝土作用的材料。

2.2 符　号

2.2.1 预制夹心剪力墙板构件与连接设计

γ_0 ——结构重要性系数；

V_{jd} ——持久设计状况下接缝剪力设计值；

V_{jdE} ——地震设计状况下接缝剪力设计值；

V_u ——持久设计状况下剪力墙底部接缝受剪承载力设计值；

V_{uE} ——地震设计状况下剪力墙底部接缝受剪承载力设计值；

γ_{RE} ——承载力抗震调整系数；

V_{mua} ——被连接剪力墙端部按实配钢筋面积计算的斜截面受剪承载力设计值；

η_j——接缝受剪承载力增大系数；

R_{sd}——不锈钢连接件抗拔承载力和抗剪承载力设计值；

R_{sk}——不锈钢连接件抗拔承载力和抗剪承载力标准值；

γ_{sR}——不锈钢连接件抗拔承载力和抗剪承载力分项系数；

R_{fd}——纤维增强复合材料（FRP）连接件抗拔承载力和抗剪承载力设计值；

R_{fk}——纤维增强复合材料（FRP）连接件抗拔承载力和抗剪承载力标准值；

γ_{fR}——纤维增强复合材料（FRP）连接件抗拔承载力和抗剪承载力分项系数；

γ_{E}——纤维增强复合材料（FRP）连接件抗拔承载力和抗剪承载力环境影响系数；

N_d——连接件拔出力设计值；

N_{rd}——连接件抗拔承载力设计值；

V_d——连接件剪力设计值；

V_{rd}——连接件抗剪承载力设计值。

2.2.2　预制夹心外挂墙板作用及作用组合

S——基本组合的效应设计值；

S_{Gk}——永久荷载的效应标准值；

S_{Wk}——风荷载的效应标准值；

S_{Ehk}——水平地震作用组合的效应标准值；

S_{Evk}——竖向地震作用组合的效应标准值；

S_{TK}——温度作用的效应标准值；

γ_G——永久荷载分项系数；

γ_W——风荷载分项系数；

γ_T——温度作用分项系数；

γ_{Eh}——水平地震作用分项系数；

γ_{Ev}——竖向地震作用分项系数；

ψ_W——风荷载组合系数；

ψ_T——温度作用组合系数;

F_{Ehk}——施加于预制夹心外挂墙板重心处的水平地震作用标准值;

β_E——动力放大系数;

α_{max}——水平地震影响系数最大值;

G_k——预制夹心外挂墙板重力荷载标准值。

3 基本规定

3.0.1 预制夹心外墙板的尺寸和构造应结合建筑的结构系统和外围护系统的设计要求、预制构件的制作工艺、运输安装条件以及维护方式等多方面因素综合确定，其尺寸应符合现行国家标准《建筑模数协调标准》GB/T 50002 的要求。

3.0.2 预制夹心外墙板宜与外墙装饰一体化设计，并与相关设备及管线协调。

3.0.3 预制夹心外墙板的设计、生产、安装等环节宜采用建筑信息模型(BIM)技术。

3.0.4 预制夹心剪力墙板的设计工作年限应与主体结构相同，预制夹心外挂墙板的设计工作年限宜与主体结构相同。连接件的耐久性应满足设计工作年限的要求。接缝密封材料应在工作年限内定期检查、维护或更新，维护或更新周期应与其使用寿命相匹配。

4 材 料

4.1 预制混凝土夹心保温外墙板

4.1.1 预制夹心外墙板由内外叶墙板、夹心保温层、连接件及饰面层组成,其基本构造应符合表 4.1.1-1 和表 4.1.1-2 的规定。

表 4.1.1-1 预制夹心外挂墙板和预制实心混凝土夹心保温剪力墙板基本构造

基本构造					构造示意图
内叶墙板①	夹心保温层②	外叶墙板③	连接件④	饰面层⑤	
预制混凝土	保温材料	预制混凝土	A. 纤维增强复合材料（FRP）连接件 B. 不锈钢连接件	A. 无饰面 B. 涂料 C. 装饰混凝土 D. 其他饰面	

表 4.1.1-2 双面叠合夹心剪力墙板基本构造

基本构造						构造示意图
内叶墙板		夹心保温层③	外叶墙板④	连接件⑤	饰面层⑥	
①	②					
预制混凝土	现浇混凝土	保温材料	预制混凝土	A. 纤维增强复合材料（FRP）连接件 B. 不锈钢连接件	A. 无饰面 B. 涂料 C. 装饰混凝土 D. 其他饰面	

4.1.2 预制夹心外墙板的外观质量应符合现行国家标准《装配式混凝土建筑技术标准》GB/T 51231 的规定。

4.1.3 预制夹心外墙板的外形尺寸、传热系数、隔声性能、耐火极限应符合相关标准的规定和设计要求。

4.2 混凝土、钢筋和钢材

4.2.1 预制夹心外墙板采用的混凝土设计强度等级不宜低于C30，其力学性能指标和耐久性要求等应符合现行国家标准《混凝土结构设计规范》GB 50010 的规定。

4.2.2 钢筋力学性能指标应符合现行国家标准《混凝土结构设计规范》GB 50010 的规定。钢材力学性能指标应符合现行国家标准《钢结构设计标准》GB 50017 的规定。

4.2.3 吊环应采用未经冷加工的 HPB300 级钢筋或 Q235B 圆钢制作。内埋式螺母和内埋式吊杆的材料应符合现行国家相关标准及产品应用技术文件的规定。

4.3 保温材料

4.3.1 保温材料燃烧性能等级应符合现行国家标准《建筑设计防火规范》GB 50016 的规定，且不应低于国家标准《建筑材料及制品燃烧性能分级》GB 8624—2012 中 B_1 级的要求。

4.3.2 保温材料可采用模塑聚苯乙烯板、挤塑聚苯乙烯板、硬泡聚氨酯板等材料，体积吸水率不应大于 3.0%。有机保温材料体积吸水率试验方法应按现行国家标准《硬质泡沫塑料吸水率的测定》GB/T 8810 进行，无机保温材料体积吸水率试验方法应按现行国家标准《无机硬质绝热制品试验方法》GB/T 5486 进行，试块烘干温度应控制在(65±5)℃，浸泡时间为 48 h。其他性能应符合相关产品标准和设计要求。

4.4 连接件和连接材料

4.4.1 预制夹心外墙板连接件宜采用不锈钢连接件或纤维增强复合材料（FRP）连接件。

4.4.2 不锈钢连接件应符合下列规定：

1 不锈钢材料的牌号、化学成分应符合现行国家标准《不锈钢和耐热钢　牌号及化学成分》GB/T 20878 的有关规定；连接件用不锈钢材料宜采用统一数字代号为 S304××、S316×× 的奥氏体型不锈钢。对大气环境腐蚀性高的工业密集区及海洋氯化物环境地区应采用统一数字代号为 S316×× 的奥氏体型不锈钢。

2 不锈钢材料的力学性能应符合表 4.4.2-1 的规定。

表 4.4.2-1　不锈钢材料的力学性能要求

项目	性能要求			试验方法
	桁架式	片式	针式	
规定塑性延伸强度 $R_{p0.2}$(MPa)	≥380			GB/T 228.1
抗拉强度 R_m(MPa)	≥600			
断后伸长率 A(%)	≥30			
拉伸杨氏模量（静态法）(GPa)	≥190		≥130	GB/T 22315

注：规定塑性延伸强度和抗拉强度为 5 个样品具有 95% 保证率的标准值（按本标准附录 A 计算）；断后伸长率和拉伸杨氏模量为 5 个样品的平均值。

3 桁架式不锈钢连接件单个节间的抗拔承载力和抗剪承载力应符合表 4.4.2-2 的规定。片式、针式不锈钢连接件的抗拔承载力和抗剪承载力应符合表 4.4.2-3 的规定。

表 4.4.2-2 桁架式不锈钢连接件抗拔承载力和抗剪承载力要求

项目	保温层厚度 d_b (mm)			
	$30 \leqslant d_b \leqslant 50$	$50 < d_b \leqslant 70$	$70 < d_b \leqslant 90$	$90 < d_b \leqslant 120$
抗拔承载力标准值 R_{tk} (kN)	$\geqslant 8.0$			
抗剪承载力标准值 R_{vk} (kN)	$\geqslant 8.0$	$\geqslant 4.0$	$\geqslant 3.0$	$\geqslant 2.0$

注：表中各项承载力标准值为按本标准附录 A 试验方法测得的承载力标准值。

表 4.4.2-3 片式、针式不锈钢连接件抗拔承载力和抗剪承载力要求

项目	保温层厚度 d_b (mm)		
	$30 \leqslant d_b \leqslant 50$	$50 < d_b \leqslant 80$	$80 < d_b \leqslant 120$
针式连接件抗拔承载力标准值 R_{tk} (kN)	$\geqslant 10.0$		
片式连接件抗拔承载力标准值 R_{tk} (kN)	$\geqslant 20.0$		
片式连接件抗剪承载力标准值 R_{vk} (kN)	$\geqslant 10.0$	$\geqslant 8.0$	$\geqslant 5.0$

注：表中各项承载力标准值为按本标准附录 A 试验方法测得的承载力标准值。

4.4.3 纤维增强复合材料（FRP）连接件应符合现行行业标准《预制保温墙体用纤维增强塑料连接件》JG/T 561 的规定。

4.4.4 预制夹心外挂墙板与建筑物主体结构之间的连接材料应符合下列规定：

1 钢筋锚固板材料应符合现行行业标准《钢筋锚固板应用技术规程》JGJ 256 的规定。

2 预埋件的锚板及锚筋材料应符合现行国家标准《混凝土结构设计规范》GB 50010 的有关规定。专用预埋件及连接件材料应符合现行国家标准的有关规定。

3 连接用焊接材料，螺栓、锚栓和铆钉等紧固件的材料应符合现行国家标准《钢结构设计标准》GB 50017、《钢结构焊接规范》GB 50661 和《钢筋焊接及验收规程》JGJ 18 等的规定。

4.4.5 预制夹心剪力墙板之间的竖向钢筋连接用材料应符合下列规定：

1 钢筋套筒灌浆连接应符合现行行业标准《钢筋套筒灌浆

连接应用技术规程》JGJ 355 的规定。

2 钢筋套筒灌浆连接接头采用的套筒应符合现行行业标准《钢筋连接用灌浆套筒》JG/T 398 的规定。

3 钢筋套筒灌浆连接接头采用的灌浆料应符合现行行业标准《钢筋连接用套筒灌浆料》JG/T 408 的规定。

4 钢筋套筒灌浆连接接头所用的套筒及灌浆料的适配性应通过钢筋连接接头型式检验确定,其检验方法应符合现行行业标准《钢筋套筒灌浆连接应用技术规程》JGJ 355 的规定。

5 钢筋浆锚搭接连接接头采用的水泥基灌浆料的物理、力学性能和钢筋金属波纹管浆锚搭接接头采用的金属波纹管性能,均应符合现行上海市工程建设规范《装配整体式混凝土公共建筑设计标准》DG/TJ 08—2154 和《装配整体式混凝土居住建筑设计规程》DG/TJ 08—2071 的规定。

6 钢筋搭接连接采用的钢筋和混凝土应符合现行上海市工程建设规范《装配整体式叠合剪力墙结构技术规程》DG/TJ 08—2266 的规定。

7 螺栓连接采用的受力预埋件的锚板和连接用螺栓,应符合现行国家标准《钢结构设计标准》GB 50017、《钢结构焊接规范》GB 50661 和现行行业标准《钢筋焊接及验收规程》JGJ 18 的有关规定。螺栓连接应在连接区域采用钢筋套筒灌浆料灌浆,灌浆料应符合现行行业标准《钢筋连接用套筒灌浆料》JG/T 408 的规定。

4.5 防水材料

4.5.1 预制夹心外墙板接缝密封胶的物理性能除应符合现行行业标准《混凝土接缝用建筑密封胶》JC/T 881 中位移能力为 25LM 及以上的技术要求外,还应符合表 4.5.1 的技术要求,有害物质限量应符合现行国家标准《建筑胶粘剂有害物质限量》

GB 30982 的有关规定。

表 4.5.1 密封胶的物理性能要求

序号	项目		技术指标	试验方法
1	污染性	污染宽度(mm)	≤1.0	GB/T 13477.20
		污染深度(mm)	≤1.0	
2	相容性	粘结破坏面积(%)	≤20	GB 16776

注：相容性基材为实际工程用基材。

4.5.2 预制夹心外墙板接缝处的密封条宜选用三元乙丙橡胶、氯丁橡胶或硅橡胶等高分子材料，技术要求应满足现行国家标准《高分子防水材料 第 2 部分：止水带》GB/T 18173.2 中 J 型产品的规定。

4.5.3 预制夹心外墙板接缝处密封胶的背衬材料不应与底涂发生不良反应。

4.5.4 预制夹心外墙板预留孔洞封堵用防水涂料性能应符合现行行业标准《建筑外墙防水工程技术规程》JGJ/T 235 的要求。

4.6 其他材料

4.6.1 饰面材料的产品性能应符合现行有关标准的规定。

4.6.2 当采用涂料饰面时，有害物质限量应符合现行国家标准《建筑用墙面涂料中有害物质限量》GB 18582 的规定。

4.6.3 隔离层材料可采用模塑聚苯乙烯板、挤塑聚苯乙烯板、发泡橡塑等，其导热系数应符合相关产品标准的规定。

5 建筑设计

5.1 一般规定

5.1.1 预制夹心剪力墙板建筑,按 7 度设防时建筑高度不应超过 100 m,按 8 度设防时建筑高度不应超过 80 m。预制夹心外挂墙板建筑,建筑高度按主体结构的结构形式确定。

5.1.2 建筑平立面设计应采用符合模数的尺寸序列,并与预制夹心外墙板的尺寸协调。预制夹心外墙板的宽度、高度尺寸宜采用基本模数,厚度及构造尺寸可采用分模数。其中基本模数为 1 M＝100 mm,分模数数列为 M/10、M/5、M/2。

5.1.3 预制夹心外墙板宜采用涂料、装饰混凝土等饰面形式。当采用装饰混凝土饰面时,应在设计文件中明确墙板表面的颜色、质感、图案等要求。

5.1.4 预制夹心外墙板的保温层宜连续,其厚度不应小于 30 mm,且不应大于 120 mm。

5.1.5 预制夹心外墙板与部品及附属构配件的连接应牢固可靠。安装金属材料的遮阳板、空调板、防盗网等重型部品时,应与主体结构可靠连接。安装窗帘盒、挂镜线、管线槽等轻型部品时,宜采用预埋件固定连接。当预埋件穿过夹心保温层时,应采取保证预埋件防腐性、耐久性和预制夹心外墙板热工性能的措施。

5.2 防水设计

5.2.1 预制夹心外墙板连接部位的防、排水构造设计应符合下列规定:

1 预制夹心外挂墙板应采用构造和材料相结合的防、排水系统。水平缝应采用高低缝,高差不宜小于 40 mm,减压空腔有效宽度不宜小于 20 mm;竖缝宜采用双直槽缝。

2 预制实心混凝土夹心保温剪力墙板应采用构造和材料相结合的防、排水系统。水平缝宜采用高低缝,高差不宜小于 40 mm,减压空腔有效宽度不宜小于 20 mm;竖缝宜采用平缝。

3 双面叠合夹心剪力墙板应采用材料防水措施,水平缝和竖缝宜采用平缝。

5.2.2 预制夹心外挂墙板和预制实心混凝土夹心保温剪力墙板接缝构造应符合下列规定:

1 水平缝构造见图 5.2.2(a)和图 5.2.2(b)。

2 竖缝构造见图 5.2.2(c)和图 5.2.2(d)。

3 竖缝应分段设置排水管。居住建筑排水管间距不应超过 3 层[图 5.2.2(e)、图 5.2.2(f)],非居住建筑预制夹心外挂墙板排水管间距不应跨越防火分区竖向分区边界[图 5.2.2(e)];预制夹心外墙板首层竖缝底部应设置排水管[图 5.2.2(g)、图 5.2.2(h)]。排水管内径不应小于 8 mm,排水管坡向外墙面,排水坡度不小于 5%。

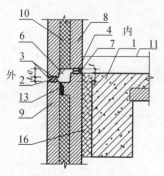
(a) 预制夹心外挂墙板水平缝

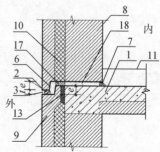
(b) 预制实心混凝土夹心保温剪力墙板水平缝

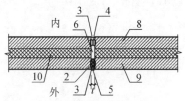

(c) 预制夹心外挂墙板竖缝

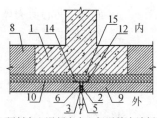

(d) 预制实心混凝土夹心保温剪力墙板竖缝

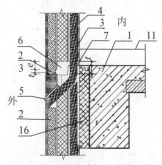

(e) 预制夹心外挂墙板竖缝排水管
(标准层)

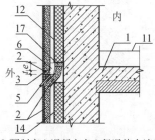

(f) 预制实心混凝土夹心保温剪力墙板
竖缝排水管(标准层)

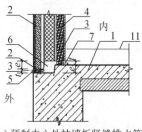

(g) 预制夹心外挂墙板竖缝排水管
(首层)

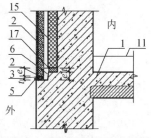

(h) 预制实心混凝土夹心保温剪力墙板
竖缝排水管(首层)

1—现浇部分；2—背衬材料；3—防水密封胶；4—密封条；5—排水管；6—减压空腔；7—高强封堵料封仓；8—内叶墙板；9—外叶墙板；10—保温板；11—楼层完成面；12—墙板连接件；13—隔离层；14—胶带贴缝；15—现场附加保温层；16—防火封堵；17—闭孔聚乙烯垫；18—高强灌浆料灌实；e—高低缝高差；t—墙板接缝宽度

图 5.2.2 预制夹心外挂墙板和预制实心混凝土
夹心保温剪力墙板接缝构造示意图

5.2.3 双面叠合夹心剪力墙板接缝构造应符合下列规定：
    1 水平缝构造见图5.2.3(a)。
    2 竖缝构造见图5.2.3(b)。

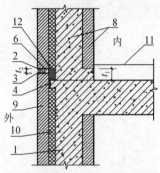 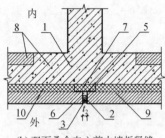

(a) 双面叠合夹心剪力墙板水平缝　　(b) 双面叠合夹心剪力墙板竖缝

1—现浇部分；2—背衬材料；3—防水密封胶；4—隔离层；5—胶带贴缝；6—封闭空腔；7—现场附加保温层；8—内叶墙板；9—外叶墙板；10—保温板；11—楼层完成面；12—闭孔聚乙烯垫；t_1—内叶墙板接缝宽度；t_2—外叶墙板接缝宽度

图 5.2.3 双面叠合夹心剪力墙板接缝构造示意图

5.2.4 预制夹心外墙板接缝宽度应考虑主体结构的层间位移、密封材料的变形能力及施工安装误差等因素，并符合下列规定：

    1 预制夹心外挂墙板接缝宽度不应小于15 mm，且不宜大于35 mm；当计算接缝宽度大于35 mm时，宜调整外挂墙板的板型或节点连接形式，也可采用具有更高位移能力的弹性密封胶。

    2 预制实心混凝土夹心保温剪力墙板接缝宽度宜按15 mm～25 mm选用。

    3 背衬材料宜选用发泡闭孔聚乙烯棒或发泡氯丁橡胶棒，背衬材料直径宜为缝宽的1.3倍～1.5倍。

    4 预制夹心外挂墙板和预制实心混凝土夹心保温剪力墙板

防水构造,密封胶嵌缝深度不应小于缝宽的 1/2 且不应小于 8 mm。双面叠合夹心剪力墙板防水构造,密封胶嵌缝深度不应小于 20 mm。密封胶应与接缝两侧墙板粘结牢固,不得与接缝背面墙体粘结。当建筑外立面对密封胶有涂装要求时,不宜选用硅酮类建筑密封胶。

5.2.5 预制夹心外墙板板边构造应符合下列规定:

1 预制夹心外挂墙板板边构造见图 5.2.5-1。

2 预制实心混凝土夹心保温剪力墙板板边构造见图 5.2.5-2,夹心保温层顶部在外叶板一侧宜 45°切角处理。

3 双面叠合夹心剪力墙板板边构造见图 5.2.5-3。

4 墙板顶边应采用混凝土和隔离层材料进行封边处理。隔离层厚度 a_1 不应大于夹心保温层厚度 a 的 1/2 且不得大于 30 mm,墙板封边宽度 d 不应大于 60 mm;防水密封胶应符合第 5.2.4 条规定。

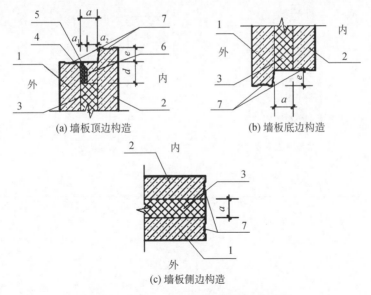

图 5.2.5-1 预制夹心外挂墙板板边构造

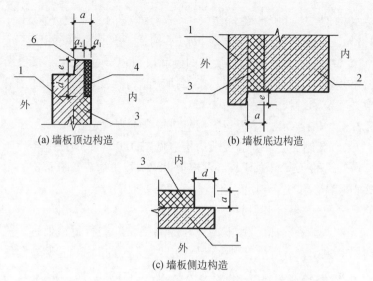

图 5.2.5-2 预制实心混凝土夹心保温剪力墙板板边构造

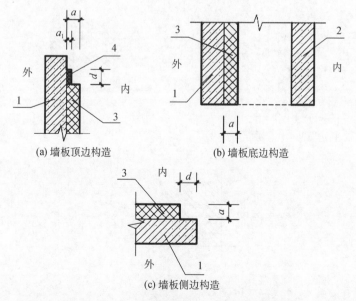

图 5.2.5-3 双面叠合夹心剪力墙板板边构造

图 5.2.5-1～图 5.2.5-3 注：1—外叶墙板；2—内叶墙板；3—保温板；4—隔离层；5—防水密封胶；6—墙板封边；7—直槽深 3 mm；a—保温层厚度；a_1—隔离层厚度；a_2—墙板封边厚度；d—墙板封边宽度；e—高低缝高差。

5.2.6 预制夹心外墙墙体防水设计应符合下列规定：

1 预制夹心外墙板顶部防水构造见图 5.2.6(a)、图 5.2.6(b)，墙顶泛水坡度不应小于 2%。

2 预制夹心外墙板挑出墙面的部分应在其底部周边设置滴水槽。

3 预制夹心外墙板与阳台、空调板等挑出外墙的水平构件之间的水平缝应采用灌浆料灌实，见图 5.2.6(c)。

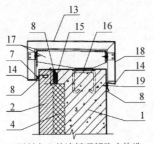
(a) 预制夹心外墙板顶部防水构造一

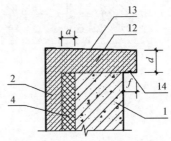
(b) 预制夹心外墙板顶部防水构造二

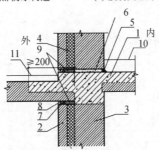
(c) 挑出外墙水平构件防水构造

1—现浇部分；2—外叶墙板；3—内叶墙板；4—保温板；5—高强封堵料封仓；6—高强灌浆料灌实；7—背衬材料；8—防水密封胶；9—闭孔聚乙烯垫；10—楼层完成面(室内)；11—楼层完成面(室外)；12—预制顶板；13—泛水坡；14—滴水；15—隔离层；16—预埋铁件；17—压顶钢骨架；18—金属板；19—水泥钉；a—保温层厚度；d—墙板封边宽度；f—顶板挑出长度

图 5.2.6 预制夹心外墙墙体防水构造示意图

5.2.7 预制夹心外墙板窗洞口可采取预留企口、预埋窗框或预埋附框方式。当采取预留企口方式时,其构造见图5.2.7(a)和图5.2.7(b);当采取预埋窗框或预埋附框方式时,埋入深度不小于15 mm,其构造见图5.2.7(c)。窗洞封边应符合第5.2.5条规定,防水密封胶应符合第5.2.4条规定。

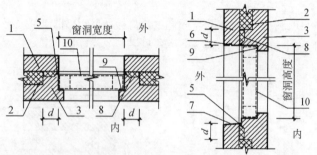

(a) 预留窗洞企口示意图(预制夹心外挂墙板和预制实心混凝土夹心保温剪力墙板)

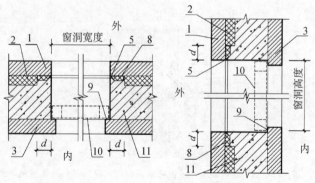

(b) 预留窗洞企口示意图(双面叠合夹心剪力墙板)

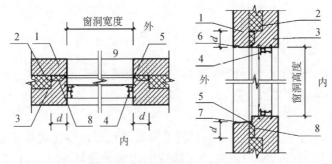

(c) 预埋窗框(或预埋附框)示意图

1—外叶墙板;2—保温板;3—内叶墙板;4—窗框;5—防水密封胶;6—滴水槽;7—窗台泛水;8—隔离层;9—窗洞企口;10—后装窗框位置;11—内叶墙板现浇混凝土;d—窗洞封边宽度

图 5.2.7 预制夹心外墙板窗洞口示意图

5.2.8 当卫生间及其他容易有积水的房间外墙采用预制夹心外墙板时,防水构造应符合下列规定:

1 预制夹心外墙板与楼板间水平接缝应采用压力灌浆方法封堵,并采用闭水试验确保防水可靠性。

2 预制夹心外墙板内侧应设涂膜防水层,防水层高度应符合现行行业标准《住宅室内防水工程技术规范》JGJ 298 的相关规定。预制夹心外墙板与地面转角、交角处应做附加增强防水层,每边宽不应小于 150 mm。

3 地漏应设置在距预制夹心外墙板与楼板接缝位置 200 mm 以外。

5.2.9 沿建筑外墙面敷设管线时,连接螺栓埋入预制夹心外墙板的外叶墙板的长度不得大于外叶墙板厚度减去 10 mm。

5.2.10 预制夹心外墙板穿墙孔洞设计应内高外低,并应采取可靠的阻水措施。

5.2.11 预制夹心外墙板的外叶墙板上受雨水影响的线盒应采用防水接线盒,并应采用预埋做法。

5.3 防火设计

5.3.1 预制夹心外墙板的燃烧性能和耐火极限应与该建筑的耐火等级相匹配，且应符合国家和上海市现行相关标准的规定。

5.3.2 预制夹心外挂墙板接缝及墙板与相邻构件之间的接缝跨越防火分区时，室内一侧的接缝应采用防火封堵材料进行密封。水平缝的连续密封长度，住宅建筑不应小于1 m，公共建筑不应小于2 m；竖缝的连续密封长度不应小于1.2 m，当室内设置自动喷水灭火系统时不应小于0.8 m。

5.3.3 预制夹心外墙板金属预埋件外露部分应采取防火、防腐等措施，其耐火极限不应低于预制夹心外墙板的耐火极限，且应符合国家和上海市现行相关标准的规定。

5.3.4 当预制夹心外挂墙板采用幕墙式构造与主体建筑连接时，预制夹心外挂墙板及连接构造的防火还应符合现行上海市工程建设规范《建筑幕墙工程技术标准》DG/TJ 08—56 的有关规定。

5.3.5 预制夹心外墙板线盒应符合下列规定：

　　1 当预制夹心外墙板采用 B_1 级保温材料时，线盒与保温层之间应设置不燃隔热材料进行防火隔离，不燃隔热材料厚度不宜小于 20 mm。

　　2 电气线管不宜穿越或敷设于 B_1 级保温材料内。确需穿越或敷设时，应采用金属线管并在金属线管周围采用不燃隔热材料进行防火隔离等保护措施。

5.4 隔声设计

5.4.1 预制夹心外墙板的空气声计权隔声量＋交通噪声频谱修

正量(R_w+C_{tr})应不小于 45 dB。

5.4.2 预制夹心外挂墙板与主体结构之间空隙应在墙板安装完成后进行封堵,封堵措施应满足防火、隔声的性能要求。

5.4.3 预制夹心外墙板的预留孔洞和缝隙应在作业完成后进行密封处理。密封处理做法应满足外墙保温、隔声、防水的性能要求。

5.5 热工设计

5.5.1 预制夹心外墙板的热工性能应符合国家和上海市现行建筑节能设计相关标准的规定。

5.5.2 预制夹心外墙板常用保温材料热物理性能及修正系数应按表 5.5.2 选取。

表 5.5.2 常用保温材料热物理性能及修正系数

序号	保温材料名称	导热系数 [W/(m·K)]	蓄热系数 [W/(m²·K)]	修正系数
1	模塑聚苯板 033	0.033	0.28	1.05
2	模塑聚苯板 039	0.039		
3	挤塑聚苯板 024	0.024	0.34	1.10
4	挤塑聚苯板 030	0.030		
5	挤塑聚苯板 034	0.034		
6	硬泡聚氨酯板	0.024	0.29	1.15

5.5.3 预制夹心剪力墙板传热系数应按表 5.5.3-1、表 5.5.3-2 选取,预制夹心外挂墙板传热系数应按表 5.5.3-3、表 5.5.3-4 选取。当墙板保温层厚度介于表 5.5.3-1、表 5.5.3-3 或表 5.5.3-2、表 5.5.3-4 中相邻两档厚度之间时,其墙板传热系数应按保温层相邻两档厚度下限取值。

表5.5.3-1 预制夹心剪力墙板传热系数(不锈钢连接件)[W/(m²·K)]

序号	保温材料类型	保温层厚度(mm)									
		30	40	50	60	70	80	90	100	110	120
1	模塑聚苯板033	0.98	0.86	0.76	0.68	0.62	0.57	0.53	0.51	0.48	0.47
2	模塑聚苯板039	1.08	0.94	0.84	0.75	0.69	0.63	0.59	0.55	0.53	0.51
3	挤塑聚苯板024	0.84	0.73	0.65	0.59	0.54	0.50	0.46	0.44	0.42	0.40
4	挤塑聚苯板030	0.95	0.83	0.74	0.66	0.60	0.56	0.52	0.49	0.47	0.45
5	挤塑聚苯板034	1.02	0.90	0.80	0.72	0.65	0.60	0.56	0.53	0.50	0.48
6	硬泡聚氨酯板	0.85	0.75	0.67	0.60	0.55	0.51	0.47	0.45	0.43	0.42

表5.5.3-2 预制夹心剪力墙板传热系数(FRP连接件)[W/(m²·K)]

序号	保温材料类型	保温层厚度(mm)									
		30	40	50	60	70	80	90	100	110	120
1	模塑聚苯板033	0.93	0.80	0.71	0.63	0.58	0.54	0.51	0.48	0.46	0.45
2	模塑聚苯板039	1.02	0.88	0.78	0.69	0.63	0.59	0.56	0.52	0.50	0.48
3	挤塑聚苯板024	0.80	0.69	0.61	0.55	0.50	0.47	0.45	0.42	0.41	0.40
4	挤塑聚苯板030	0.90	0.78	0.69	0.61	0.56	0.52	0.50	0.47	0.45	0.43
5	挤塑聚苯板034	0.98	0.85	0.74	0.66	0.60	0.56	0.53	0.49	0.47	0.45
6	硬泡聚氨酯板	0.82	0.71	0.62	0.56	0.51	0.48	0.46	0.43	0.42	0.40

表5.5.3-3 预制夹心外挂墙板传热系数(不锈钢连接件)[W/(m²·K)]

序号	保温材料类型	保温层厚度(mm)									
		30	40	50	60	70	80	90	100	110	120
1	模塑聚苯板033	1.06	0.92	0.81	0.72	0.66	0.61	0.58	0.55	0.53	0.51
2	模塑聚苯板039	1.17	1.01	0.89	0.80	0.73	0.68	0.64	0.60	0.58	0.55
3	挤塑聚苯板024	0.92	0.79	0.70	0.62	0.57	0.53	0.51	0.48	0.46	0.45
4	挤塑聚苯板030	1.03	0.89	0.78	0.70	0.64	0.60	0.57	0.53	0.51	0.49
5	挤塑聚苯板034	1.11	0.96	0.85	0.75	0.69	0.64	0.61	0.57	0.55	0.53
6	硬泡聚氨酯板	0.93	0.80	0.71	0.63	0.58	0.54	0.52	0.49	0.47	0.46

表 5.5.3-4 预制夹心外挂墙板传热系数(FRP 连接件)[W/(m² · K)]

序号	保温材料类型	保温层厚度(mm)									
		30	40	50	60	70	80	90	100	110	120
1	模塑聚苯板 033	1.04	0.89	0.78	0.69	0.63	0.59	0.56	0.53	0.51	0.49
2	模塑聚苯板 039	1.14	0.98	0.85	0.75	0.69	0.64	0.61	0.57	0.55	0.53
3	挤塑聚苯板 024	0.89	0.76	0.67	0.60	0.55	0.51	0.49	0.48	0.46	0.44
4	挤塑聚苯板 030	1.00	0.86	0.75	0.67	0.61	0.57	0.54	0.51	0.49	0.48
5	挤塑聚苯板 034	1.09	0.93	0.81	0.72	0.66	0.61	0.58	0.55	0.53	0.51
6	硬泡聚氨酯板	0.91	0.78	0.68	0.61	0.56	0.52	0.50	0.47	0.46	0.44

6 预制混凝土夹心保温剪力墙板结构设计

6.1 一般规定

6.1.1 对同一层内既有现浇墙肢又有预制墙肢的预制夹心剪力墙结构,现浇墙肢在水平地震作用下的弯矩、剪力宜乘以不小于1.1 的增大系数。

6.1.2 预制夹心剪力墙板的抗震等级、平面和竖向布置原则及承载力抗震调整系数应符合现行上海市工程建设规范《装配整体式混凝土公共建筑设计标准》DG/TJ 08—2154、《装配整体式混凝土居住建筑设计规程》DG/TJ 08—2071 和《装配整体式叠合剪力墙结构技术规程》DG/TJ 08—2266 的规定。重点设防类建筑中的预制夹心剪力墙板应按本地区抗震设防烈度提高 1 度的要求加强其抗震措施。

6.1.3 预制夹心剪力墙板应按照仅由内叶墙板起承重作用的原则设计。

6.1.4 预制夹心剪力墙板应采用连接件将内叶墙板和外叶墙板可靠连接。不锈钢连接件宜采用桁架式、片式与针式的组合、桁架式与针式的组合。纤维增强复合材料(FRP)连接件宜采用片状或棒状形式。

6.2 作用及作用组合

6.2.1 预制夹心剪力墙结构的作用及作用组合应根据现行国家标准《建筑结构可靠性设计统一标准》GB 50068、《建筑结构荷载规范》GB 50009、《建筑抗震设计规范》GB 50011、《混凝土结构工程施工规范》GB 50666 及现行行业标准《高层建筑混凝土结构技术规程》JGJ 3 等确定。

6.2.2 预制夹心剪力墙板在翻转、运输、吊运、安装等短暂设计状况下的施工验算，应将构件自重标准值乘以动力系数作为等效静力荷载标准值。构件运输、吊运时，动力系数宜取 1.5；构件翻转及安装过程中就位、临时固定时，动力系数可取 1.2。

6.2.3 预制夹心剪力墙板进行脱模验算时，等效静力荷载标准值应取构件自重标准值乘以动力系数后与脱模吸附力之和，且不宜小于构件自重标准值的 1.5 倍。动力系数与脱模吸附力应符合下列规定：

1 动力系数不宜小于 1.2。

2 脱模吸附力应根据构件和模具的实际状况取用，且不宜小于 1.5 kN/m^2。

6.2.4 双面叠合夹心剪力墙板在浇筑空腔内混凝土时，现浇混凝土作用于内、外叶墙板的侧压力标准值和浇筑产生的水平荷载标准值应根据现行国家标准《混凝土结构工程施工规范》GB 50666 确定。

6.3 构件与连接设计

6.3.1 预制夹心剪力墙板的设计应符合下列规定：

1 对持久设计状况，应对预制夹心剪力墙板进行承载力、变形、裂缝控制验算。

2 对地震设计状况，应对预制夹心剪力墙板进行承载力验算。

3 制作、运输和堆放、安装等短暂设计状况下的预制夹心剪力墙板验算，应符合现行国家标准《混凝土结构工程施工规范》GB 50666 的有关规定。

6.3.2 预制夹心剪力墙板中，接缝的受剪承载力应满足式(6.3.2-1)～式(6.3.2-3)的规定：

1 持久设计状况

$$\gamma_0 V_{jd} \leqslant V_u \qquad (6.3.2\text{-}1)$$

2 地震设计状况

$$V_{jdE} \leqslant V_{uE}/\gamma_{RE} \qquad (6.3.2\text{-}2)$$

在剪力墙底部加强部位，尚应符合下式要求：

$$\eta_j V_{mua} \leqslant V_{uE} \qquad (6.3.2\text{-}3)$$

式中：γ_0——结构重要性系数，安全等级为一级时不应小于1.1，安全等级为二级时不应小于1.0；

V_{jd}——持久设计状况下接缝剪力设计值；

V_{jdE}——地震设计状况下接缝剪力设计值；

V_u——持久设计状况下剪力墙底部接缝受剪承载力设计值；

V_{uE}——地震设计状况下剪力墙底部接缝受剪承载力设计值；

γ_{RE}——承载力抗震调整系数，按本标准相关条文取值；

V_{mua}——被连接剪力墙端部按实配钢筋面积计算的斜截面受剪承载力设计值；

η_j——接缝受剪承载力增大系数，抗震等级为一、二级时取1.2，抗震等级为三、四级时取1.1。

6.3.3 预制夹心剪力墙板中，接缝的正截面承载力应符合现行国家标准《混凝土结构设计规范》GB 50010 的规定。

6.3.4 预制实心混凝土夹心保温剪力墙板的竖向钢筋连接宜根据受力特点、施工工艺等要求选用钢筋套筒灌浆连接、金属波纹管浆锚搭接连接、螺栓连接等连接方式，可采用逐根连接，也可采用单排连接，并应符合国家和上海市现行有关标准的规定。水平分布筋的连接可采用搭接连接。有可靠试验依据时，也可采用其他连接方式。

6.3.5 双面叠合夹心剪力墙板的竖向和水平钢筋连接应选用搭

接连接方式,并应符合下列规定:

1 搭接连接钢筋的间距宜与双面叠合夹心剪力墙板中水平和竖向钢筋的间距相同,且不宜大于 200 mm,直径不应小于水平和竖向分布筋的直径。搭接连接钢筋锚入双面叠合夹心剪力墙板空腔中的长度不少于 $1.2l_{aE}$。

2 双面叠合夹心剪力墙板底部接缝宜设置在楼面标高处,内叶墙板底部接缝高度不宜小于 50 mm,接缝处现浇混凝土应浇筑密实。

6.3.6 预制夹心剪力墙板水平钢筋宜在现浇混凝土节点区直线锚固;当直线锚固长度不足时,可采用弯折、机械锚固方式,并应符合现行国家标准《混凝土结构设计规范》GB 50010 和现行行业标准《钢筋锚固板应用技术规程》JGJ 256 的规定。

6.3.7 不锈钢连接件的抗拔承载力和抗剪承载力设计值应按式(6.3.7)确定:

$$R_{sd} = R_{sk}/\gamma_{sR} \quad (6.3.7)$$

式中:R_{sd}——不锈钢连接件抗拔承载力和抗剪承载力设计值;

R_{sk}——不锈钢连接件抗拔承载力和抗剪承载力标准值,根据本标准附录 A 试验确定;

γ_{sR}——不锈钢连接件抗拔承载力和抗剪承载力分项系数,当发生连接件材料破坏时取 1.4,当发生桁架式连接件焊点脱开时取 1.5,当发生混凝土锚固破坏时取 1.8。

6.3.8 纤维增强复合材料(FRP)连接件的抗拔承载力和抗剪承载力设计值应按式(6.3.8)确定:

$$R_{fd} = \frac{R_{fk}}{\gamma_{fR}\gamma_{E}} \quad (6.3.8)$$

式中:R_{fd}——纤维增强复合材料(FRP)连接件抗拔承载力和抗剪承载力设计值;

R_{fk}——纤维增强复合材料(FRP)连接件抗拔承载力和抗剪

承载力标准值,根据本标准附录 A 试验确定;

γ_{fR}——纤维增强复合材料(FRP)连接件抗拔承载力和抗剪承载力分项系数,当发生连接件材料破坏时取 1.3,当发生混凝土锚固破坏时取 1.8;

γ_E——纤维增强复合材料(FRP)连接件抗拔承载力和抗剪承载力环境影响系数,按现行国家标准《纤维增强复合材料工程应用技术标准》GB 50608 取 2.0。

6.3.9 当采用不锈钢片式和针式连接件的组合时,片式连接件用于抗剪,针式连接件用于抗拔;当采用不锈钢桁架式和针式连接件的组合时,桁架式连接件用于抗剪,针式连接件用于抗拔;设计时不考虑拉剪复合受力,分别验算。当单独采用不锈钢桁架式连接件、纤维增强复合材料(FRP)棒状或片状连接件,弹性设计时,拉剪复合受力下连接件材料破坏承载力应按式(6.3.9)验算:

$$\left(\frac{N_d}{N_{rd}}\right)^2 + \left(\frac{V_d}{V_{rd}}\right)^2 \leqslant 1 \qquad (6.3.9)$$

式中:N_d——连接件拔出力设计值;

N_{rd}——连接件抗拔承载力设计值;

V_d——连接件剪力设计值;

V_{rd}——连接件抗剪承载力设计值。

6.3.10 双面叠合夹心剪力墙板在生产和施工阶段,应进行连接件在短暂设计状况下的承载力验算;在使用阶段,应进行连接件在持久设计状况和地震设计状况下的承载力验算,以及持久设计状况下的变形验算。

6.3.11 预制夹心剪力墙板的吊件宜采用内埋式螺母和内埋式吊杆,也可采用吊环。预制实心混凝土夹心保温剪力墙板的吊点设置在内叶墙板范围内,不应穿越保温层。双面叠合夹心剪力墙板的吊点宜分别设置在内、外叶墙板内。

6.4 构造要求

6.4.1 预制夹心剪力墙板的构造设计应符合下列规定：

1 内叶墙板应按剪力墙进行设计，并应与相邻剪力墙形成可靠连接，连接设计应符合本标准第6.3节的相关规定。

2 外叶墙板应按围护墙板设计，且不应与相邻外叶墙板连接。

6.4.2 预制夹心剪力墙板中采用桁架式不锈钢连接件时，宜采用等间距布置；采用片式和针式不锈钢连接件时，宜设置不少于2个竖向布置的片式连接件和不少于2个水平布置的片式连接件，同时应设置均匀排布的针式连接件；连接件间距应按设计要求确定，桁架式和针式不锈钢连接件距墙体边缘的距离宜为100 mm～300 mm，片式不锈钢连接件距墙体边缘的距离不宜小于300 mm。当有可靠试验依据时，也可采用其他长度间距和边距。片式不锈钢连接件的形心宜与构件重心重合。

6.4.3 预制夹心剪力墙板中采用棒状或片状纤维增强复合材料（FRP）连接件时，宜采用矩形布置。连接件间距应按设计要求确定，棒状和片状FRP连接件距墙体边缘的距离宜为100 mm～200 mm。

6.4.4 当采用不锈钢连接件时，预制夹心剪力墙板的外叶墙板厚度不宜小于55 mm，不应小于50 mm。桁架式不锈钢连接件在墙体单侧混凝土板叶中的锚固长度不宜小于25 mm，片式不锈钢连接件和针式不锈钢连接件平直端的锚固长度不宜小于45 mm，片式不锈钢连接件应设置辅助锚固筋，针式不锈钢连接件弯折端的锚固长度不宜小于40 mm。不锈钢连接件端部距墙板表面距离不宜小于10 mm。

6.4.5 当采用纤维增强复合材料（FRP）连接件时，预制夹心剪力墙板的外叶墙板厚度不宜小于60 mm，不应小于55 mm。连接件在墙体单侧混凝土板叶中的锚固长度不宜小于30 mm,其端部距墙板表面距离不宜小于25 mm。

6.4.6 预制实心混凝土夹心保温剪力墙板与现浇混凝土、灌浆料的结合面应符合下列规定:

1 预制实心混凝土夹心保温剪力墙板的顶部和底部与现浇混凝土的结合面应设置粗糙面;侧面与现浇混凝土结合面应设置粗糙面,也可设置键槽。

2 预制实心混凝土夹心保温剪力墙板与灌浆料的结合面应设置粗糙面。

3 粗糙面的面积不宜小于结合面的80%,粗糙面凹凸深度不应小于6 mm。

4 当设置键槽时,应符合现行国家标准《装配式混凝土建筑技术标准》GB/T 51231和现行行业标准《装配式混凝土结构技术规程》JGJ 1的相关规定。

7 预制混凝土夹心保温外挂墙板结构设计

7.1 一般规定

7.1.1 预制夹心外挂墙板与主体结构间的连接应符合现行上海市工程建设规范《装配整体式混凝土公共建筑设计标准》DG/TJ 08—2154 和《装配整体式混凝土居住建筑设计规程》DG/TJ 08—2071 的规定。

7.1.2 支承预制夹心外挂墙板的结构构件应具有足够的承载力和刚度，应能满足连接节点的固定要求，且连接节点不应对预制夹心外挂墙板形成约束。

7.1.3 预制夹心外挂墙板的结构分析可采用线性弹性方法，其计算简图应符合实际受力状态。

7.1.4 设计预制夹心外挂墙板和连接节点时，相应的结构重要性系数 γ_0 不应小于 1.0，连接节点承载力抗震调整系数 γ_{RE} 应取 1.0。

7.1.5 预制夹心外挂墙板应采用连接件将内叶墙板和外叶墙板可靠连接。连接件型式宜符合本标准第 6.1.4 条的规定。

7.1.6 预制夹心外挂墙板在地震作用下的性能应符合下列规定：

1 预制夹心外挂墙板在多遇地震作用下应不受损坏或不需修理即可正常使用。

2 在设防烈度地震作用下预制夹心外挂墙板修理后应仍可使用。

3 在预估的罕遇地震作用下预制夹心外挂墙板不应脱落，外叶板不应脱落。

4 使用功能或其他方面有特殊要求的建筑,可设置更高的抗震性能目标。

7.2 作用及作用组合

7.2.1 预制夹心外挂墙板进行短暂设计状况下的施工验算时,应按照本标准第 6.2.2、6.2.3 条规定选取作用及作用组合。

7.2.2 进行预制夹心外挂墙板、连接件和连接节点的承载力计算时,荷载基本组合的效应设计值应满足式(7.2.2-1)~式(7.2.2-3)的规定:

1 持久设计状况

$$S = \gamma_G S_{Gk} + \gamma_w S_{Wk} + \psi_T \gamma_T S_{Tk} \quad (7.2.2-1)$$

2 地震设计状况

在水平地震作用下

$$S = \gamma_G S_{Gk} + \gamma_{Eh} S_{Ehk} + \psi_w \gamma_w S_{Wk} + \psi_T \gamma_T S_{Tk} \quad (7.2.2-2)$$

在竖向地震作用下

$$S = \gamma_G S_{Gk} + \gamma_{Ev} S_{Evk} + \psi_T \gamma_T S_{Tk} \quad (7.2.2-3)$$

式中:S——基本组合的效应设计值;

S_{Gk}——永久荷载的效应标准值;

S_{Wk}——风荷载的效应标准值;

S_{Ehk}——水平地震作用组合的效应标准值;

S_{Evk}——竖向地震作用组合的效应标准值;

S_{Tk}——温度作用的效应标准值;

γ_G——永久荷载分项系数,按本标准第 7.2.3 条规定取值;

γ_w——风荷载分项系数,在持久设计状况下取 1.5,在地震设计状况下取 1.4;

γ_T——温度作用分项系数,在持久设计状况下取 1.5,在地震设计状况下取 1.4;

γ_{Eh}——水平地震作用分项系数,取1.4;

γ_{Ev}——竖向地震作用分项系数,取1.4;

ψ_w——风荷载组合系数,地震设计状况下取0.2;

ψ_T——温度作用组合系数,在持久设计状况下取0.6,地震设计状况下取0.2。

7.2.3 在持久设计状况、地震设计状况下,进行预制夹心外挂墙板和主体结构连接节点的承载力设计时,永久荷载分项系数γ_G应按下列规定取值:

1 进行预制夹心外挂墙板平面外承载力设计时,γ_G应取0;进行预制夹心外挂墙板平面内承载力设计时,持久设计状况下γ_G应取1.3,地震设计状况下γ_G应取1.2。

2 进行连接节点承载力设计时,在持久设计状况下γ_G应取1.3;在地震设计状况下,γ_G应取1.2;当永久荷载效应对连接节点承载力有利时,γ_G应取1.0。

7.2.4 计算水平地震作用标准值时,可采用等效侧力法,并应按式(7.2.4)计算:

$$F_{Ehk} = \beta_E \alpha_{max} G_k \quad (7.2.4)$$

式中:F_{Ehk}——施加于预制夹心外挂墙板重心处的水平地震作用标准值,当验算外挂墙板与主体结构连接节点承载力时,连接节点地震作用效应标准值应乘以2.0的增大系数;

β_E——动力放大系数,可取5.0;

α_{max}——水平地震影响系数最大值,可取0.08;

G_k——预制夹心外挂墙板重力荷载标准值。

7.2.5 竖向地震作用标准值可取水平地震作用标准值的0.65倍。

7.2.6 预制夹心外挂墙板内外表面温度应按现行行业标准《预制混凝土外挂墙板应用技术标准》JGJ/T 458的有关规定确定。

7.3 构件与连接设计

7.3.1 预制夹心外挂墙板宜外挂于主体结构之上,并按围护结构进行设计。在进行结构设计计算时,只考虑承受直接施加于外墙上的荷载与作用。

7.3.2 预制夹心外挂墙板及连接节点的承载力计算应采用荷载基本组合的效应设计值,预制夹心外挂墙板的裂缝控制验算应采用荷载准永久组合的效应设计值,变形验算应采用荷载标准组合的效应设计值。预制夹心外挂墙板的承载力抗震调整系数应根据现行国家标准《建筑抗震设计规范》GB 50011 取值,连接节点的承载力抗震调整系数取 1.0。

7.3.3 连接件抗拔承载力设计值、抗剪承载力设计值计算,以及连接件抗拔、抗剪验算,按照本标准第 6.3.7～6.3.9 条进行。

7.3.4 预制夹心保温外挂墙板的承载力和刚度宜按试验确定。当无可靠试验依据时,可按现行国家标准《混凝土结构设计规范》GB 50010 的有关规定计算,并考虑滑移效应进行折减。承载力折减系数可取 0.9,刚度折减系数可取 0.8。计算时,可将连接件按弹性模量比换算为混凝土,按工字形截面考虑。预制夹心外挂墙板的平面外挠度限值应满足现行行业标准《预制混凝土外挂墙板应用技术标准》JGJ/T 458 的有关规定。

7.3.5 预制夹心外挂墙板的吊件宜采用内埋式螺母和内埋式吊杆,也可采用吊环。

7.4 构造要求

7.4.1 预制夹心外挂墙板的高度不宜大于一个层高。

7.4.2 预制夹心外挂墙板的内、外叶墙板均宜采用双向配筋,竖向和水平钢筋的配筋率均不应小于 0.15%,且钢筋直径不宜小于

5 mm,间距不宜大于 200 mm。

7.4.3 预制夹心外挂墙板中连接件的设计及布置应符合本标准第 6.4 节的规定。

7.4.4 当采用不锈钢连接件时,预制夹心外挂墙板的内、外叶墙板厚度不宜小于 55 mm,不应小于 50 mm。连接件在墙体单侧混凝土板叶中的锚固长度和其端部距墙板表面距离应符合本标准第 6.4.4 条的规定。

7.4.5 当采用纤维增强复合材料(FRP)连接件时,预制夹心外挂墙板的内、外叶墙板厚度不宜小于 60 mm,不应小于 55 mm。连接件在墙体单侧混凝土板叶中的锚固长度和其端部距墙板表面距离应符合本标准第 6.4.5 条的规定。

8 生产运输

8.1 一般规定

8.1.1 预制夹心外墙板生产企业应建立完整的质量、职业健康安全与环境管理体系,生产设施和设备等应满足预制构件生产的质量保证要求,并应具备必要的原材料、半成品和成品试验检验能力。

8.1.2 预制夹心外墙板制作前,应对其技术要求和质量标准进行技术交底,并应根据预制夹心外墙板的构造形式制订生产方案;生产方案应包括生产工艺、模具方案、生产计划、技术质量控制措施、存放及运输方案等。

8.1.3 预制夹心外墙板生产应建立首件验收制度。

8.2 原材料检验

8.2.1 原材料应有产品质量证明文件,并应符合相关标准要求。

8.2.2 预制夹心外墙板生产单位应对保温板、连接件、灌浆套筒和接头工艺进行检验,检验合格后方可使用。

  1 同厂家、同品种、同规格保温板每 5 000 m^2 为一个检验批,检验项目应包括厚度、干密度、抗压强度、体积吸水率、导热系数和燃烧性能等级,检验结果应符合设计和相关标准的要求。

  2 同厂家、同品种、同规格连接件以预制夹心外墙板面积每 10 000 m^2 为一个检验批,按批抽取的连接件锚入混凝土后与墙板同条件养护 28 d。不锈钢连接件同条件养护试件按照本标准附录 A 的规定检测试件的抗拔承载力和抗剪承载力,其检验结果应符合本标准第 4.4.2 条第 3 款的规定;纤维增强复合材料

(FRP)连接件同条件养护试件的抗拔承载力和抗剪承载力试验方法和检验结果应符合现行行业标准《预制保温墙体用纤维增强塑料连接件》JG/T 561 的规定。不锈钢连接件试件和纤维增强复合材料(FRP)连接件同条件养护试件的抗拔承载力和抗剪承载力均不应小于连接件设计文件中连接件的承载力取值。

3 灌浆套筒和接头工艺检验应符合现行行业标准《钢筋连接用灌浆套筒》JG/T 398、《钢筋套筒灌浆连接应用技术规程》JGJ 355 及有关标准的规定。

8.2.3 预制夹心外墙板生产单位在墙板制作前应对混凝土配合比进行验证,验证合格后方可使用。在墙板制作过程中,同一配比混凝土不超过 100 m³ 为一个检验批,同一配比混凝土每工作班拌制不足 100 m³ 也为一个检验批。按批取样并成型混凝土抗压强度同条件试块,混凝土抗压强度检验结果应符合设计要求。

8.3 制 作

8.3.1 预制夹心外挂墙板和预制实心混凝土夹心保温剪力墙板可采用一次成型工艺或二次成型工艺。一次成型工艺的主要步骤应符合下列规定:

1 采用不锈钢连接件时,应先将不锈钢连接件与外叶墙板钢筋骨架绑扎牢固,浇筑外叶墙板混凝土,铺设保温板,浇筑内叶墙板混凝土。

2 采用纤维增强复合材料(FRP)连接件时,应先浇筑外叶墙板混凝土,铺设保温板,安装连接件,浇筑内叶墙板混凝土。连接件安装和内叶墙板混凝土浇筑应在外叶墙板混凝土初凝前完成。

3 预制夹心外挂墙板顶边封边部位,应打胶,达到本标准第 5.2.5 条的要求。预制实心混凝土夹心保温剪力墙板顶边与现浇混凝土结合部位的隔离层材料应在工厂粘贴完成。

8.3.2 双面叠合夹心剪力墙板制作的主要步骤应符合下列规定:

1 采用不锈钢连接件时,应先将不锈钢连接件与外叶墙板钢筋骨架绑扎牢固,浇筑外叶墙板混凝土,铺设保温板。

2 采用纤维增强复合材料(FRP)连接件时,应先浇筑外叶墙板混凝土,铺设保温板,安装连接件。连接件应在外叶墙板混凝土初凝前安装固定。

3 内叶墙板混凝土应在外叶墙板成型后浇筑,宜通过翻转设备,将外叶墙板翻转180°后与内叶墙板叠合,翻转叠合应在内叶墙板混凝土初凝前完成。

4 双面叠合夹心剪力墙板顶边与现浇混凝土结合部位的隔离层材料应在工厂粘贴完成。

8.3.3 制作预制夹心外墙板时,应采取措施保证外叶墙板混凝土、保温板、内叶墙板混凝土厚度满足要求。铺装保温板前,宜使用振动平台或振动拖板等工具使混凝土表面呈平整状态。

8.3.4 应按设计图纸和制作要求,复核连接件规格、数量及保温板规格、厚度等满足要求后,方可安放连接件和铺装保温板。连接件的安装应按设计和产品说明书要求进行。保温板铺装应紧密排列,保温板拼缝不宜大于3 mm,并应进行密封处理。

8.3.5 保温板铺装完成后,应安放并固定上层钢筋,进行内叶墙板混凝土的浇筑,浇筑时应避免振动器触及保温板和连接件。

8.3.6 上层钢筋宜采用垫块与吊挂结合方式确保钢筋保护层满足设计要求。钢筋保护层垫块应避开连接件安装部位。

8.3.7 预制混凝土构件养护有自然养护和加热养护两种养护方式。预制夹心外墙板养护宜采用加热养护方式,并应符合下列规定:

1 加热养护应采用加热温度自动控制设备,加热养护制度应通过试验确定。

2 墙板浇捣完毕后,通常在常温下预养护2 h～6 h,升、降温速度不宜超过20℃/h,最高养护温度不宜大于60℃。预制夹心外墙板脱模时的表面温度与环境温度的差值不宜超过25℃。

3 混凝土浇筑完毕或压面工序完成后应及时覆盖保湿,脱模前不得揭开。

4 涂刷养护剂应在混凝土终凝后进行。

8.4 出厂检验

8.4.1 预制夹心外墙板的外观质量缺陷应按现行国家标准《装配式混凝土建筑技术标准》GB/T 51231 的规定划分为严重缺陷和一般缺陷。预制夹心外墙板出模后应及时对其外观质量进行全数目测检查。预制夹心外墙板出厂时外观质量不应有缺陷,对出现的一般缺陷应进行修整并达到合格,对出现的严重缺陷应制定技术处理方案进行处理并重新检验。

8.4.2 预制夹心外挂墙板顶边封边部位的防水密封胶应完好。预制夹心剪力墙板顶边与现浇混凝土结合部位的隔离层材料应粘贴牢固。

8.4.3 预制夹心外墙板的外形尺寸,预埋件、预留插筋、预留孔(洞)、键槽、灌浆套筒及连接钢筋、螺栓连接的位置应符合设计要求,并应全数检查。其允许偏差和检验方法应符合表 8.4.3-1～表 8.4.3-7 的规定。预制夹心外墙板不应有影响结构性能、安装和使用功能的外形尺寸和位置偏差。对超过允许偏差且影响结构性能或安装、使用功能的部位,应经原设计单位认可,制定技术处理方案进行处理,并重新检查验收。

表 8.4.3-1 外形尺寸允许偏差及检验方法

项次	检查项目		允许偏差(mm)	检验方法
1	高度	内叶墙板	±4	用量程不低于墙板高度的量具沿高度方向测量墙板两端及中间部,取其偏差绝对值较大值
		外叶墙板	±2	
2	宽度		±4	用量程不低于墙板宽度的量具沿宽度方向测量墙板两端及中间部,取其偏差绝对值较大值

续表8.4.3-1

项次	检查项目		允许偏差(mm)	检验方法
3	厚度		±3	用尺量墙板四角和四边中部位置共8处,取其偏差绝对值较大值
4	板正面对角线差		5	在墙板表面,用尺量测两对角线的长度,取其绝对值的差值
5	板正面翘曲		$L/1000$ 且 $\leqslant 10$	对角拉线测量交点间距离值的2倍
6	板侧面侧向弯曲		$L/1000$ 且 $\leqslant 10$	拉线,用钢尺量最大弯曲处
7	表面平整度	内表面	4	用2m靠尺安放在墙板表面,用楔形塞尺量测靠尺与表面间的最大缝隙
		外表面	3	
8	内外叶板错位		5	靠尺安放在墙板侧端面上,用钢尺量测错位尺寸偏差绝对值较大值
9	门窗洞口	位置	3	用尺量测纵横两个方向中心线位置,取其较大值
		宽度、高度	±4	用尺量
		对角线	4	用尺量测两对角线的长度,取其绝对值的差值

注:L 为墙板最长边长度(mm)。

表8.4.3-2 预埋件的允许偏差及检验方法

项次	检查项目		允许偏差(mm)	检验方法
1	预埋钢板	中心线位置	5	用尺量测纵横两个方向的中心线位置,取其较大值
		与混凝土面平面高差	0,−5	用尺紧靠在预埋件上,用楔形塞尺量测预埋件平面与混凝土面的最大缝隙

续表8.4.3-2

项次	检查项目		允许偏差（mm）	检验方法
2	吊环、木砖	中心线位置	5	用尺量测纵横两个方向中心线位置，取其较大值
		与混凝土平面高差	0，-5	用尺量
3	预埋螺栓	中心线位置	2	用尺量测纵横两个方向中心线位置，取其较大值
		外露长度	+10，-5	用尺量
4	预埋套筒、螺母	中心线位置	2	用尺量测纵横两个方向中心线位置，取其较大值
		与混凝土面平面高差	0，-5	用尺量
5	连接件	中心线位置	3	用尺量测纵横两个方向中心线位置，取其较大值
		与混凝土面平整度	3	用尺量
		安装垂直度	1/40	拉水平线、竖直线测量两端差值

表8.4.3-3 预留插筋的允许偏差及检验方法

项次	检查项目	允许偏差（mm）	检验方法
1	中心线位置	3	用尺量测纵横两个方向中心线位置，取其较大值
2	外露长度	±5	用尺量

表8.4.3-4 预留孔(洞)的允许偏差及检验方法

项次	检查项目	允许偏差（mm）	检验方法
1	中心线位置	5	用尺量测纵横两个方向中心线位置，取其较大值
2	尺寸、深度	±5	用尺量

表 8.4.3-5 键槽的允许偏差及检验方法

项次	检查项目	允许偏差（mm）	检验方法
1	中心线位置	5	用尺量测纵横两个方向中心线位置，取其较大值
2	长度、宽度、深度	±5	用尺量

表 8.4.3-6 灌浆套筒及连接钢筋的允许偏差及检验方法

项次	检查项目	允许偏差（mm）	检验方法
1	灌浆套筒中心线位置	2	用尺量测纵横两个方向中心线位置，取其较大值
2	安装垂直度	3	拉水平线、竖直线测量两端差值
3	连接钢筋中心线位置	2	用尺量测纵横两个方向中心线位置，取其较大值
4	连接钢筋外露长度	+10，0	用尺量

表 8.4.3-7 螺栓连接的允许偏差及检验方法

项次	检查项目	允许偏差（mm）	检验方法
1	螺栓连接器中心线位置	3	用尺量测纵横两个方向中心线位置，取其较大值
2	预埋螺栓中心线位置	3	用尺量测纵横两个方向中心线位置，取其较大值
3	预埋螺栓外露长度	+10，0	用尺量

8.4.4 预制夹心外墙板的预埋件、预留插筋、预留孔、预留洞的规格和数量应满足设计要求。

检查数量：全数检查。

检验方法：观察和量测。

8.4.5 预制夹心外墙板的粗糙面面积、凹凸深度及键槽尺寸、间距和位置应满足设计要求。

检查数量:全数检查。

检验方法:按现行上海市工程建设规范《装配整体式混凝土建筑检测技术标准》DG/TJ 08—2252 进行检测。

8.4.6 预制夹心外墙板采用的连接件类别、数量、使用位置及性能应满足设计要求。

检查数量:按同一工程、同一工艺的预制夹心外墙板分批抽样检验。

检验方法:检查试验报告单、质量证明文件及隐蔽工程检查记录。

8.4.7 预制夹心外墙板采用的保温材料类别、厚度、位置及性能应满足设计要求。

检查数量:按批检查。

检验方法:观察、量测,检查保温材料质量证明文件及检验报告。

8.4.8 预制夹心外墙板检查合格后,应在墙板表面上设置标识,标识内容包括墙板型号、生产日期、生产单位和质量验收标志等信息。

8.5 存放和运输

8.5.1 预制夹心外墙板的存放和运输应满足现行国家标准《装配式混凝土建筑技术标准》GB/T 51231、现行行业标准《装配式混凝土结构技术规程》JGJ 1、现行上海市工程建设规范《装配整体式混凝土结构预制构件制作与质量检验规程》DGJ 08—2069 和现行有关标准的规定。

8.5.2 预制夹心外墙板宜采用插放架或靠放架立式存放和运输。对于超高、超宽、形状特殊的大型预制夹心外墙板的存放和运输,应制定专门的质量安全保证措施。在存放和运输过程中,应对预制夹心外墙板采取遮挡防雨措施。

8.5.3 预制夹心外墙板的存放应符合下列规定：
 1 存放场地应平整、坚实，且应有排水措施。
 2 存放区域宜实行分区管理。
 3 应按照产品品种、规格型号、检验状态分类存放，产品标识应清晰、耐久，预埋吊件应朝上，标识应向外。
 4 应合理设置堆放支点位置，确保预制夹心外墙板存放稳定。支点宜与起吊点位置一致，并确保预制夹心外墙板的搁置部位在主体墙板底部。

8.5.4 预制夹心外墙板的运输应符合下列规定：
 1 预制夹心外墙板宜采用构件专用运输车辆运输，也可采用专用托架、靠放架、插放架运输，托架、靠放架、插放架应进行专门设计，并对其强度、稳定性和刚度进行验算。
 2 采用靠放架立式运输时，预制夹心外墙板与地面倾斜角度宜大于80°，墙板应对称靠放，每侧不大于2层，墙板层间上部采用垫块隔离。

9 安 装

9.1 一般规定

9.1.1 预制夹心外墙板安装施工前应制定专项施工方案,专项方案应包括墙板运输道路与堆放、墙板起吊安装的安全性验算、临时支撑形式及安全性验算、墙板保护方案、墙板安装顺序、连接节点、防水措施、安装质量管理及安全防护措施等。

9.1.2 施工单位应根据预制夹心外墙板工程特点配置项目部人员。施工作业人员应具备岗位需要的基础知识和技能,施工单位应组织管理人员、施工作业人员进行专项质量安全技术交底。

9.1.3 预制夹心外墙板经检查满足进场要求后,应采取相应措施防止墙板在堆放、起吊、安装等施工全过程中发生损伤或污染。

9.1.4 预制夹心外墙板安装过程中,吊索与水平面所成夹角不宜小于60°,且不应小于45°,并应保证吊机主钩位置、吊具及墙板重心在竖直方向重合;当墙板尺寸较大或形状较复杂时,宜采用具有分配梁的吊具。

9.1.5 预制夹心外墙板安装过程中应根据墙板表面和作业面所弹控制线校正位置,安装就位后应及时采取临时固定措施。墙板与吊具的分离应在校准定位及临时固定措施安装完成后进行。临时固定措施的拆除应在结构能够达到后续施工承载要求后进行。

9.1.6 预制夹心外墙板吊运时,行走路径范围应设置隔离警戒,安排专人看护,区域内严禁站人。墙板吊装时,必须至少安排2名信号工与吊车司机沟通。起吊时,应以堆放场地信号工的发令为准;安装时,应以作业面信号工的发令为准。

9.1.7 预制夹心外墙板安装施工前,应选择有代表性的单元进行墙板试安装和首段安装验收,建立首段安装验收制度并根据试安装结果及时调整完善施工方案和施工工艺。待首段安装验收合格后方可进行后续施工。

9.1.8 预制夹心外墙板安装过程中应按照现行行业标准《建筑施工安全检查标准》JGJ 59、《建设工程施工现场环境与卫生标准》JGJ 146 和上海市工程建设规范《现场施工安全生产管理标准》DG/TJ 08—903 等安全、职业健康和环境保护的有关规定执行。

9.2 安装准备

9.2.1 预制夹心外墙板进场时,施工单位应对墙板出厂合格证、质量证明文件、外观质量、预埋预留、标识等进行进场验收。

9.2.2 施工前,施工现场应根据施工平面规划设置运输通道和存放场地,并应符合下列规定:

1 现场运输道路和存放堆场应坚实平整,且满足承载力要求,并应有排水措施。

2 施工现场内道路应按照构件运输车辆的要求合理设置转弯半径及道路坡度。

3 预制夹心外墙板运送到施工现场后,应按规格、品种、使用部位、吊装顺序分别设置存放场地。场地应设置在吊车的有效起重范围内,并应在堆垛之间设置通道。

4 预制夹心外墙板装卸、吊装工作范围内不应有障碍物,并应有满足预制夹心外墙板周转使用的场地。

5 预制夹心外墙板应存放在保证安全、利于保护、便于检验、易于吊运的专用存放架内,存放架应具有足够抗倾覆稳定性能。

9.2.3 预制夹心外墙板安装施工前,已施工完成的结构混凝土强度应满足设计要求,混凝土外观质量、尺寸偏差应符合现行国家标准《混凝土结构工程施工规范》GB 50666、现行行业标准《装配式混凝土结构技术规程》JGJ 1和本标准的相关规定。

9.2.4 预制夹心外墙板安装施工前,应对下列部位进行检查:

1 预制夹心外挂墙板顶边封边部位的防水密封胶应完好。如有破损,应对防水密封胶进行修补。

2 预制夹心剪力墙板顶边与现浇混凝土结合部位的隔离层材料应粘贴牢固。如有脱落,应重新粘贴。

9.2.5 预制夹心外墙板安装施工前,应进行下列准备工作:

1 在预制夹心外墙板接缝处粘贴密封条,墙板吊装前应检查密封条粘贴的牢固性和完整性。

2 应将安装部位清理干净,并应在已施工完成的结构和墙板上进行测量放线,设置墙板安装定位标识。楼层纵、横控制线和标高控制点应由底层原始点向上引测,墙板的标高、水平位置和垂直度宜根据标示的控制线使用配套工具进行调节。施工测量应符合现行国家标准《工程测量标准》GB 50026 的要求。

3 应复核墙板装配位置、节点连接构造、临时支撑方案等。

4 应复核吊装设备及吊具处于安全操作状态。

5 应核实现场环境、天气、道路状况等是否满足吊装施工要求;遇到雨、雪、雾天气,或风力大于 5 级时,不得进行墙板的吊装。

6 宜在墙板上引出缆风绳,通过缆风绳引导墙板安装就位。

9.3 预制混凝土夹心保温剪力墙板安装

9.3.1 预制夹心剪力墙板安装施工前,应针对作业面被连接竖向钢筋和墙板内灌浆套筒进行下列重点检查:

1 套筒的规格、位置、数量、深度等;当套筒内或灌浆孔、溢浆孔内有杂物或混凝土浆时,应清理干净。

2 作业面被连接钢筋的规格、数量、位置、长度、垂直度等;

当被连接钢筋倾斜时,应进行校直,必要时可采用专用钢筋定位器以提高效率和精度。

3 被连接钢筋与套筒中心位置的偏差值,应符合现行行业标准《钢筋套筒灌浆连接应用技术规程》JGJ 355 的规定。

9.3.2 预制夹心剪力墙板的吊装施工应符合下列规定:

1 吊装使用的起重设备应按施工方案配置到位,并应经检验验收合格后使用。

2 墙板竖向起吊点不应少于 2 个,宜将内外叶墙板的吊点连接为一个吊点进行起吊。

3 正式吊装作业前,应先试吊,确认可靠后,方可进行作业。

4 墙板在吊运过程中应保持平衡、稳定,吊具受力应均衡。吊装时应采用慢起、快升、缓放的操作方式,应先将墙板吊起离地面 200 mm~300 mm,将墙板调平后再快速平稳地吊至安装部位上方,应由上而下缓慢落下就位。

5 墙板吊装时,起吊、回转、就位与调整各阶段应有可靠的操作与防护措施,以防墙板发生碰撞扭转与变形。

6 墙板吊装时,应对墙板边角、预留凹槽、密封条等部位采取保护措施,缺棱掉角及损伤处应在吊装就位前进行修复。

7 墙板吊装就位后,应及时校准并采取临时固定措施。

8 墙板底部应设置可调节墙板拼缝宽度、底部标高的硬质垫块或调节标高的螺栓。

9.3.3 预制夹心剪力墙板安装过程中的临时固定措施应符合下列规定:

1 墙板的临时固定应采用临时支撑形式,每块墙板的临时支撑不应少于 2 道,间距不宜大于 4 m,每道临时支撑由上部支撑及下部支撑组成。

2 墙板上部支撑的支撑点至墙板底部的距离不宜小于墙板高度的 2/3,且不应小于墙板高度的 1/2。

3 墙板上部支撑与水平面的夹角一般为 45°~60°,应经承载能力及稳定性验算选择合适的规格。

4 支撑杆端部与墙板或地面预埋件的连接应选择便捷、牢固、既可承受拉力又可承受压力的连接形式。

5 墙板安装就位后，可通过临时支撑微调墙板的平面位置及垂直度。

6 墙板临时固定措施的拆除应在墙板与结构可靠连接，且确保装配式混凝土结构达到后续施工承载要求后进行。

9.3.4 钢筋连接灌浆孔内注入高强灌浆料的作业时间，应根据施工组织制定；预制夹心剪力墙板安装就位且调整位置后即行灌浆的，应确保灌浆料同条件养护试件抗压强度达到 35 MPa 后，方可进行对接头有扰动的后续施工；灌浆作业滞后于结构施工作业层的，临时固定措施的拆除应在灌浆料抗压强度能确保结构达到后续施工承载要求后进行。

9.3.5 预制实心混凝土夹心保温剪力墙板采用钢筋套筒灌浆连接、浆锚搭接连接时，宜采用连通腔灌浆。连通腔灌浆应符合下列规定：

1 应合理划分连通灌浆区域，每个区域内除预留灌浆孔、溢浆孔与排气孔外，应形成密闭空腔且不应漏浆。

2 连通灌浆区域内任意分仓长度不宜超过 1.5 m。连通腔内预制实心混凝土夹心保温剪力墙板底部与下方已完成结构上表面的最小间隙不得小于 10 mm。

3 钢筋连接灌浆作业前，应对接缝周围进行封堵，封堵措施应符合结合面承载力设计要求。

4 当采用分仓进行灌浆时，连通腔的封堵应具有一定的强度，能够承受灌浆时的侧压力。当采用柔性材料封堵时，应避免在灌浆压力作用下发生较大变形。

9.3.6 预制实心混凝土夹心保温剪力墙板灌浆施工作业前应进行工艺检验，检验合格后方可进行灌浆作业。工艺检验应满足下列规定：

1 应模拟施工条件制作接头试件,每种规格钢筋应制作3个对中套筒灌浆连接接头试件,并应检查灌浆质量。

2 应制作尺寸为 40 mm×40 mm×160 mm 的灌浆料试块不少于 1 组,应与连接接头试件共同在标准养护条件下养护 28 d。

3 接头试件与灌浆料试块应按照现行行业标准《钢筋套筒灌浆连接应用技术规程》JGJ 355 的相关规定进行检验,检验结果应满足该标准的规定。

9.3.7 预制实心混凝土夹心保温剪力墙板灌浆施工应严格执行现行行业标准《钢筋套筒灌浆连接应用技术规程》JGJ 355 的相关规定。

9.3.8 双面叠合夹心剪力墙板空腔现浇混凝土的施工应符合下列规定:

1 现浇混凝土强度等级应符合设计文件要求且不宜低于预制部分混凝土强度等级,混凝土强度检查数量及检验方法应符合现行国家标准《混凝土结构工程施工质量验收规范》GB 50204 的规定。

2 混凝土浇筑前,双面叠合夹心剪力墙板结合面应清理干净并洒水充分润湿,外叶墙板接缝处应在保温材料部位采取防止漏浆的措施,可采用闭孔聚乙烯垫压底封堵。

3 双面叠合夹心剪力墙板内叶墙板现浇混凝土应与现浇节点同时分层连续浇筑,每小时浇筑高度不宜超过 1 m。

4 现浇混凝土宜采用粗骨料粒径不大于 20 mm 的混凝土,混凝土振捣宜采用直径为 30 mm 的振捣棒。

9.3.9 预制夹心剪力墙板的现浇混凝土部位钢筋施工,应避开和保护该区段的连接件,对位置、垂直度发生偏差的连接件应进行修复,严禁破坏连接件。

9.3.10 预制夹心剪力墙板的现浇混凝土在浇筑前应对下列内容进行检查:

1 钢筋的牌号、规格、数量、位置、间距、形状等。

2 纵向受力钢筋的连接方式、接头位置、接头数量、接头面积百分率、搭接长度、采用机械连接时的螺纹套筒规格、连接质量等。

3 预埋件的规格、数量、位置。

4 预留管线、线盒等的规格、数量、位置及固定措施。

5 采用接驳式拉结件时，应检查拉结件的规格、数量、位置、长度等。

6 墙板连接件的规格、数量、位置、垂直度等。

7 墙板竖向拼缝防漏浆措施及连接区段保温板安装。

9.3.11 预制夹心剪力墙板现浇混凝土部位的纵向受力钢筋宜在楼面上 100 mm 处采用 I 级接头机械连接，其施工应符合现行行业标准《钢筋机械连接技术规程》JGJ 107 的有关规定。

9.3.12 预制夹心剪力墙板的现浇混凝土节点施工应符合下列规定：

1 应清除墙板结合面的浮浆、松散骨料和污物并洒水湿润，不得粘有脱模剂和其他杂物。

2 现浇混凝土节点宜采用可重复使用的工具式模板支模，模板应具有足够的刚度和强度，且与墙板拼缝间应做相应处理，应采取技术措施保证现浇混凝土部分形状、尺寸、位置准确，不漏浆、不胀模。

3 现浇混凝土竖向节点高度较大时宜分层浇筑，振捣密实。

9.3.13 预制夹心剪力墙板接缝防水施工应符合下列规定：

1 密封防水施工前，接缝处应清理干净，保持干燥，伸出外墙的管道、预埋件等应安装完毕。

2 接缝中应按设计要求填塞背衬材料，背衬材料与接缝两侧基层之间不得留有空隙，背衬材料嵌入接缝的深度应和密封胶厚度一致。

3 密封胶注胶应从下往上进行，注胶应饱满、均匀、顺直、密实,防水密封胶的注胶宽度、厚度应符合设计要求;表面应光滑,不应有裂缝。

4 十字缝处填注防水密封胶应连续,接缝处各 300 mm 范围内注胶应一次施工完成。打胶中断时应留好施工缝,新旧密封胶的搭接施工应符合产品施工工艺要求。

9.3.14 接缝处排水管的安装应符合下列规定:

1 安装前应在排水管部位斜向上按设计角度设置背衬材料,背衬材料应内高外低,最内侧应与接缝中的密封条相接触。

2 排水管应顺背衬材料方向埋设,与两侧基层之间的间隙应用密封胶封严;排水管的上口应位于空腔的最低点。

3 应避免密封胶堵塞排水管。

9.3.15 预制夹心剪力墙板之间或预制夹心剪力墙板与现浇结构的连接应符合设计要求和现行有关标准的规定,采用焊接连接时应避免由于连续施焊引起连接部位混凝土开裂。

9.3.16 外围护架的连墙件固定时应避免在预制夹心剪力墙板上开洞。当不可避免时,应在预制夹心剪力墙板中预留孔洞,并应采用内叶剪力墙作为外围护架的附墙。

9.3.17 预制夹心剪力墙板外围护架等预留螺栓孔洞封堵应符合下列规定:

1 螺栓孔及孔周边应清理干净,并清理露出墙面的 PVC 管。

2 施工前进行冲水湿润。

3 用 1∶2 干硬性膨胀水泥砂浆从墙板外侧进行封堵密实,堵孔内深度不宜小于 40 mm,养护不应少于 1 d。

4 从墙板内侧洞口由内至外应灌注聚氨酯发泡,应距洞口边缘 50 mm,并应饱满均匀。

5 墙板内侧应用 1∶2 干硬性膨胀水泥砂浆将 50 mm 孔洞封堵密实,养护不应少于 1d。

6 外侧水泥砂浆干燥后,孔边缘外扩 50 mm 的圆形应用防水涂料刷涂 3 遍,厚度应大于 1 mm。

9.3.18 预制夹心外墙板密封防水施工严禁在雨天、雪天或风力大于5级的天气进行,施工环境气温宜为5℃~35℃。

9.3.19 预制夹心外墙板密封防水施工完成后应在外墙面做淋水、喷水试验,并观察外墙内侧墙体有无渗漏。相关现场检测应符合现行行业标准《建筑防水工程现场检测技术规范》JGJ/T 299 的规定。

9.4 预制混凝土夹心保温外挂墙板安装

9.4.1 预制夹心外挂墙板的安装施工不应改变墙板的边界条件,安装后的墙板约束及受力状态应符合其计算模型。

9.4.2 预制夹心外挂墙板的施工测量除应符合现行国家标准《工程测量标准》GB 50026 的有关规定外,尚应符合下列规定:

  1 安装施工前,应测量放线,设置墙板安装定位标识。
  2 外挂墙板测量应与主体结构测量相协调,外挂墙板应分配、消化主体结构偏差造成的影响,且外挂墙板的安装偏差不得积累。
  3 应定期校核外挂墙板的安装定位基准。

9.4.3 预制夹心外挂墙板的连接节点及接缝构造应符合设计要求;墙板安装完成后应及时移除临时支承支座、墙板接缝内的传力垫块。

9.4.4 线支承式预制夹心外挂墙板的安装应与主体结构施工同步,其标高调整、临时支撑、钢筋绑扎、节点连接等各项作业可按照本标准第9.3节相关规定执行。

9.4.5 点支承式预制夹心外挂墙板的安装滞后于主体结构施工。墙板安装前宜先拆除主体结构外围护架,当主体结构外围护架尚未拆除且对预制夹心外挂墙板安装产生影响时,应采取安全防护措施,避免预制夹心外挂墙板安装过程中碰撞外围护架。

9.4.6 点支承式预制夹心外挂墙板,与主体结构的连接应在结构中预先埋设连接件;预埋连接件的安装、固定应按照设计要求进行施工,且应在浇筑混凝土前进行预埋连接件规格、数量、位置的专项检查验收;主体结构拆模后应对预埋连接件进行复查,对不满足设计要求的预埋连接件应及时进行维修、加固、改造,并应经设计确认。

9.4.7 点支承式预制夹心外挂墙板安装前应对主体结构连接部位的混凝土强度进行复核,满足设计要求后方可进行连接固定。

10 质量验收

10.1 一般规定

10.1.1 预制夹心外墙板工程质量验收应符合现行国家标准《建筑工程施工质量验收统一标准》GB 50300、《混凝土结构工程施工质量验收规范》GB 50204、《混凝土结构工程施工规范》GB 50666、《建筑节能工程施工质量验收标准》GB 50411、《装配式混凝土建筑技术标准》GB/T 51231 及现行行业标准《装配式混凝土结构技术规程》JGJ 1、《钢筋套筒灌浆连接应用技术规程》JGJ 355 和现行上海市工程建设规范《装配整体式混凝土结构施工及质量验收标准》DGJ 08—2117、《建筑节能工程施工质量验收规程》DGJ 08—113、《装配整体式叠合剪力墙结构技术规程》DG/TJ 08—2266 的有关规定。

10.1.2 预制夹心外墙板安装工程质量验收时,应提供相关的设计文件、施工文件和质量证明文件等。

10.2 构件验收

Ⅰ 主控项目

10.2.1 预制夹心外墙板进场时应检查出厂合格证和质量证明文件。

    1 出厂合格证应包含下列内容:
        1) 出厂合格证编号和预制夹心外墙板编号;
        2) 预制夹心外墙板数量;
        3) 预制夹心外墙板型号;

4）预制夹心外墙板质量情况,包括外观质量、尺寸偏差和混凝土抗压强度;

5）生产单位名称、生产日期、出厂日期;

6）检验员签名或盖章。

2 质量证明文件应包含混凝土、不锈钢连接件、钢筋的检验报告和保温板、FRP连接件、灌浆套筒及其接头的型式检验报告。不锈钢连接件的检验报告应包含本标准第4.4.2条的技术要求。

10.2.2 预制夹心外墙板进场时,预制夹心外挂墙板顶边封边部位的防水密封胶粘贴、预制夹心剪力墙板顶边与现浇混凝土结合部位的隔离层材料粘贴应满足设计要求。

检查数量:全数检查。

检验方法:观察。

10.2.3 预制夹心外墙板的外观质量不应有严重缺陷,且不应有影响结构性能和安装、使用功能的尺寸偏差。

检查数量:全数检查。

检验方法:观察、尺量;检查处理记录。

10.2.4 预制夹心外墙板上的预埋件、预留插筋、预埋管线等的规格和数量以及预留孔、预留洞的数量应符合设计要求。

检查数量:全数检查。

检验方法:观察、尺量。

10.2.5 预制夹心外墙板进场时应对其主要受力钢筋数量、间距、保护层厚度及混凝土强度进行实体检验。

检查数量:以同一混凝土强度等级、同一生产工艺和同一结构形式的预制夹心外墙板不超过1 000块为一批,每批随机抽取墙板数量的2%且不少于5块进行检验。

检验方法:随机抽样,核查实体检验报告。

Ⅱ. 一般项目

10.2.6 预制夹心外墙板表面应有标识,标识应清晰可靠。

检查数量:全数检查。

检验方法:观察或通过芯片、二维码读取。

10.2.7 预制夹心外墙板的外观质量不宜有一般缺陷,当有一般缺陷时应要求墙板生产单位按技术处理方案进行处理,并重新检查验收。

检查数量:全数检查。

检验方法:观察,检查技术处理方案和处理记录。

10.2.8 带有饰面的预制夹心外墙板的外观质量应符合设计要求或国家现行有关标准的规定。

检查数量:全数检查。

检验方法:观察或轻击检查;与样板比对。

10.3 安装验收

Ⅰ. 主控项目

10.3.1 预制夹心外墙板临时固定措施应符合设计、专项施工方案要求及国家现行有关标准的规定。

检查数量:全数检查。

检验方法:观察,检查施工方案、施工记录或设计文件。

10.3.2 预制夹心剪力墙板竖向拼接处采用现浇混凝土连接时,现浇混凝土的强度应符合设计要求。

检查数量:按批检验,检验批应符合现行国家标准《混凝土结构工程施工质量验收规范》GB 50204 的有关要求。

检验方法:检查混凝土强度报告。

10.3.3 预制夹心剪力墙板钢筋套筒灌浆连接、浆锚搭接连接及螺栓连接用的灌浆料强度应符合国家现行有关标准的规定及设计要求。

检查数量:按批检验,以每层为一检验批;每工作班应制作 1 组且每层不应少于 3 组 40 mm×40 mm×160 mm 的长方体试件,标准养护 28 d 后进行抗压强度试验。

检验方法:检查灌浆料强度试验报告及评定记录。

10.3.4 预制夹心剪力墙板钢筋套筒灌浆施工过程中所有溢浆孔均应平稳连续出浆。灌浆完成后,灌浆套筒内灌浆料应密实饱满,并应进行灌浆质量实体检验。

检查数量:外观全数检查。对灌浆饱满性进行实体抽检,现浇与预制转换层应抽取预制夹心剪力墙板不少于 5 块,且灌浆套筒不少于 15 个;其他楼层每层应在 3 块预制夹心剪力墙板上随机抽取不少于 3 个套筒;每个灌浆套筒应在出浆口处检查 1 个点。

检验方法:观察;检查灌浆施工记录、灌浆施工质量检查记录、影像资料、套筒灌浆饱满性检测记录。灌浆质量按现行上海市工程建设规范《装配整体式混凝土建筑检测技术标准》DG/TJ 08—2252 进行检测。

10.3.5 双面叠合夹心剪力墙板的内叶墙板现浇混凝土应浇捣密实,养护充分,现浇混凝土强度应符合设计要求。

检查数量:按批检验,检验批应符合现行国家标准《混凝土结构工程施工质量验收规范》GB 50204 的有关规定。

检验方法:检查混凝土强度报告。

10.3.6 预制实心混凝土夹心保温剪力墙板底部接缝灌浆质量可按现行上海市工程建设规范《装配整体式混凝土建筑检测技术标准》DG/TJ 08—2252 采用超声法进行检测,必要时可采用局部破损法进行验证。

10.3.7 双面叠合夹心剪力墙板内叶墙板底部水平拼缝处的现浇混凝土应浇捣密实,养护充分,其强度应达到设计要求和现行国家标准《混凝土结构工程施工质量验收规范》GB 50204 的规定。

检查数量:全数检查。

检验方法:观察底部水平拼缝处的现浇混凝土,若出现严重缺陷,按现行上海市工程建设规范《装配整体式混凝土建筑检测技术标准》DG/TJ 08—2252 采用超声法进行检测。检查混凝土强度报告及施工记录。

10.3.8 钢筋采用机械连接时,其接头质量应符合现行行业标准《钢筋机械连接技术规程》JGJ 107 的有关规定。

检查数量:应符合现行行业标准《钢筋机械连接技术规程》JGJ 107 的有关规定。

检验方法:检查钢筋机械连接施工记录及平行试件的强度试验报告。

10.3.9 钢筋采用焊接连接时,其焊缝的接头质量应满足设计要求,并应符合现行行业标准《钢筋焊接及验收规程》JGJ 18 的有关规定。

检查数量:应符合现行行业标准《钢筋焊接及验收规程》JGJ 18 的有关规定。

检验方法:检查钢筋焊接接头检验批质量验收记录。

10.3.10 预制夹心外墙板采用型钢焊接连接时,型钢焊缝的接头质量应满足设计要求,并应符合现行国家标准《钢结构焊接规范》GB 50661 和《钢结构工程施工质量验收标准》GB 50205 的有关规定。

检查数量:全数检查。

检验方法:型钢焊接质量按现行国家标准《钢结构工程施工质量验收标准》GB 50205 的要求进行检验;检查型钢焊接接头检验批质量验收记录。

10.3.11 预制夹心外墙板采用螺栓连接时,螺栓的材质、规格、拧紧力矩应符合设计要求及现行国家标准《钢结构设计标准》GB 50017 和《钢结构工程施工质量验收标准》GB 50205 的有关规定。

检查数量:全数检查。

检验方法:螺栓连接质量按现行国家标准《钢结构工程施工质量验收标准》GB 50205 的要求进行检验;检查螺栓连接检验批

质量验收记录。

10.3.12 预制夹心外墙板采用钢筋搭接连接时,搭接钢筋的规格、搭接长度、间距应符合设计要求,并应符合现行国家标准《混凝土结构设计规范》GB 50010 和现行上海市工程建设规范《装配整体式叠合剪力墙结构技术规程》DG/TJ 08—2266 的有关规定。

检查数量:全数检查。

检验方法:应符合现行国家标准《混凝土结构工程施工质量验收规范》GB 50204 的有关规定。

10.3.13 预制夹心外墙板安装后的外观质量不应有严重缺陷,且不得有影响结构性能和使用功能的尺寸偏差。

检查数量:全数检查。

检验方法:观察、量测;检查处理记录。

10.3.14 预制夹心外墙板接缝用密封胶性能、规格等应符合设计和本标准的技术要求。进场后应见证取样进行复验。复验项目包括下垂度、表干时间、挤出性(适用期)、弹性恢复率、拉伸模量、定伸粘结性、浸水后定伸粘结性和质量损失。

检查数量:同一厂家、同一品种、同一型号、同一级别的产品每 5 t 为一批进行检验,不足 5 t 也作为一批。

检验方法:核查质量证明文件(产品合格证、型式检验报告等),检查复验报告。

10.3.15 预制夹心外墙板接缝施工完成后,应对外墙板接缝的防水性能进行现场淋水试验,检测方法应按现行行业标准《建筑防水工程现场检测技术规范》JGJ/T 299 执行。

检查数量:按批检验。每 1 000 m² 外墙(含窗)面积应划分为一个检验批,不足 1 000 m² 时也应划分为一个检验批;每个检验批每 100 m² 应至少抽查 1 处,抽查部位应为相邻两层 4 块墙板形成的水平和竖向十字接缝区域,面积不得少于 10 m²。

检验方法:检查现场淋水试验报告。

Ⅱ．一般项目

10.3.16 预制夹心外墙板的安装尺寸偏差及检验方法应符合设计要求和现行国家标准《装配式混凝土建筑技术标准》GB/T 51231、现行行业标准《预制混凝土外挂墙板应用技术标准》JGJ/T 458 及现行相关标准的规定。

检查数量：按楼层、结构缝或施工段划分检验批。同一检验批内，应按有代表性的自然间抽查 10％，且不少于 3 间。

11 日常维护

11.0.1 工程竣工验收后,业主或受委托的物业单位应定期进行墙板日常维护。

11.0.2 墙板的检查、清洗等维护作业不得在4级以上风力和雨、雪、雾等天气下进行。

11.0.3 应在竣工1年后对墙板进行初次检查,以后每5年应检查1次。检查与维护应包括下列内容:

 1 检查墙板排水系统,发现堵塞应采取措施进行疏导。

 2 检查密封胶状况,发现开裂、脱落或损坏应采用相容性、污染性符合要求的密封胶进行修补或更换。

 3 检查墙板污损、胀裂、松动等情况,并应采取相应的处理措施。

11.0.4 应根据墙板表面保洁需要,确定清洗次数。清洗过程中不得撞击和损伤墙板。

附录 A 不锈钢连接件抗拔承载力和抗剪承载力试验方法

A.1 抗拔承载力试验

A.1.1 试件

1 针式不锈钢连接件抗拔试件由混凝土板、连接件和夹持端组成。片式不锈钢连接件抗拔试件由混凝土板、连接件、防劈裂钢筋、夹持钢筋和锚固钢筋组成。桁架式不锈钢连接件抗拔试件有两种型式：型式 1 由混凝土板、连接件、防劈裂钢筋、夹持钢筋和锚固钢筋组成；型式 2 由混凝土板、连接件和夹持端组成。其中，因不明确破坏发生在中间锚固点或两端锚固点，型式 2 试件中连接件需按两个方向分别锚固，并均进行测试。

2 试件型式应符合图 A.1.1 的规定，试件尺寸应符合图 A.1.1 和表 A.1.1 的规定。

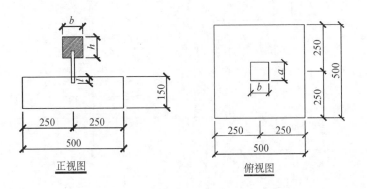

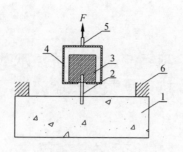
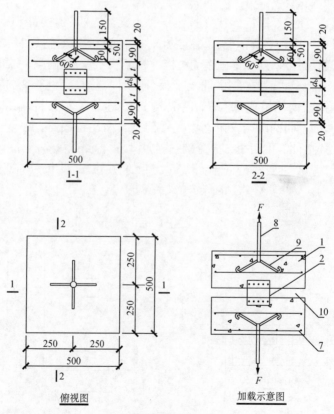

(a) 针式不锈钢连接件抗拔试件

(b) 片式不锈钢连接件抗拔试件

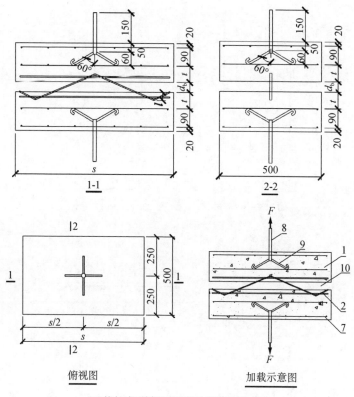

(c) 桁架式不锈钢连接件抗拔试件型式1

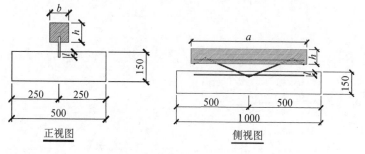

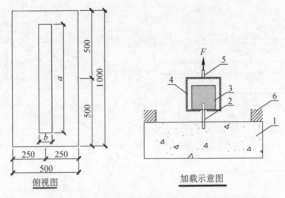

(d) 桁架式不锈钢连接件抗拔试件型式2（中间锚固点测试）

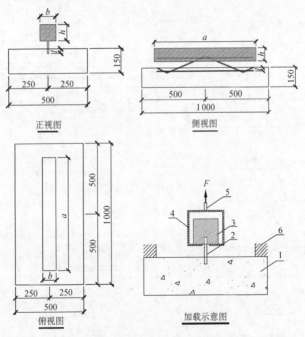

(e) 桁架式不锈钢连接件抗拔试件型式2（两端锚固点测试）

1—混凝土板；2—连接件；3—夹持端；4—钢框架；5—钢棒；6—固定支座；
7—防劈裂钢筋；8—夹持钢筋；9—锚固钢筋；10—与保温层等厚度的空腔

图 A.1.1　连接件抗拔试件示意图(mm)

表 A.1.1 连接件抗拔试件尺寸

符号	尺寸	要求
a	夹持端长度	针式不锈钢连接件取 150 mm,且不应小于连接件横截面长度与 40 mm 之和;桁架式不锈钢连接件取 800 mm,且不应小于 1 个桁架节间长度与 200 mm 之和
b	夹持端宽度	取 100 mm
h	夹持端高度	取 100 mm,且不应小于连接件在夹持端中的锚固长度与 20 mm 之和
l	连接件在内叶墙板或外叶墙板中的锚固长度	按连接件规格选取
s	桁架式连接件抗拔试件型式 1 混凝土板长度	取 800 mm,且不应小于 1 个桁架节间长度与 200 mm 之和
t	片式不锈钢连接件和桁架式不锈钢连接件抗拔试件型式 1 混凝土板钢筋网片与保温层间最小距离	取连接件锚固长度与保护层厚度之和
d_b	保温层厚度	按连接件规格选取

3 混凝土板强度宜取 30 MPa~40 MPa,也可按实际工程选取。

4 对于针式不锈钢连接件和片式不锈钢连接件,每个试件采用 1 个连接件;对于桁架式不锈钢连接件抗拔试件,每个试件采用 1 个桁架节间。

5 连接件在混凝土板中的锚固长度按连接件规格确定。

6 针式不锈钢连接件抗拔试件和桁架式不锈钢连接件抗拔试件型式 2 夹持端采用高强灌浆料浇筑而成,灌浆料应符合现行行业标准《装配式混凝土结构技术规程》JGJ 1 的规定,夹持端的材料强度和尺寸应能保证试验中夹持端不发生破坏。

7 片式不锈钢连接件抗拔试件和桁架式不锈钢连接件抗

拔试件型式 1 混凝土板中按现行国家标准《混凝土结构设计规范》GB 50010 和《建筑抗震设计规范》GB 50011 规定的最小配筋率配有防劈裂钢筋;夹持钢筋采用直径为 20 mm 的 HRB400 级钢筋,当有特殊要求时也可采用其他规格钢筋;夹持钢筋锚固在混凝土板中的端部与 4 根带弯钩的锚固钢筋焊接;锚固钢筋采用直径为 10 mm 的 HRB400 级钢筋,当有特殊要求时也可采用其他规格钢筋。

8 片式不锈钢连接件抗拔试件和桁架式不锈钢连接件抗拔试件型式 1 浇筑时可铺设保温层以方便试件成型;试件运输过程中为避免对于连接件锚固区的影响,不宜去除保温层;试件安装完成后,试验时应去除保温层。

A.1.2 试验设备

1 加载设备应能连续稳定地对试件施加荷载。

2 针式不锈钢连接件抗拔试件和桁架式不锈钢连接件抗拔试件型式 2 的夹具由钢框架和钢棒焊接而成。夹具与加载设备相连时,应确保试件受拉时对中。钢框架应能容纳试件夹持端,其下方孔洞应能使连接件穿过。

3 片式不锈钢连接件抗拔试件和桁架式不锈钢连接件抗拔试件型式 1 的夹持钢筋与加载设备相连时,应确保试件受拉时对中。

A.1.3 试验步骤

1 试验加载时,对试件沿轴向连续、稳定施加拉伸荷载,直至连接件断裂或被拔出,加载速度宜控制在 1 kN/min~3 kN/min 的范围内,直至试件破坏。记录破坏荷载。

2 同批做 5 个平行试验。

A.1.4 抗拔承载力标准值计算

1 连接件抗拔承载力标准值 R_{tk} 按式(A.1.4-1)计算。

$$R_{tk} = \overline{R_t}(1 - 3.4V) \qquad (A.1.4\text{-}1)$$

式中：R_{tk}——连接件抗拔承载力标准值；
$\overline{R_t}$——连接件抗拔承载力试验值的算术平均值；
V——变异系数，为连接件抗拔承载力试验值标准偏差与算术平均值之比。

2 如果试验中抗拔承载力试验值的变异系数大于20%，确定连接件抗拔承载力标准值时应乘以一个附加系数 α，α 按式(A.1.4-2)计算。

$$\alpha = \frac{1}{1+(100V-20)\times 0.03} \quad (A.1.4-2)$$

A.2 抗剪试验

A.2.1 试件

1 试件由3层混凝土板和连接件组成。

2 试件型式应符合图 A.2.1 的规定，试件尺寸应符合图 A.2.1 和表 A.2.1 的规定。

表 A.2.1 抗剪试件尺寸

符号	尺寸	要求
d_{h1}	两侧混凝土板厚度	一般取 60 mm，也可按实际工程选取
d_b	保温层厚度	按连接件规格选取
d_{h2}	中部混凝土板厚度	一般取 120 mm 或两侧混凝土板厚度的 2 倍
d	桁架式连接件抗剪试件高度	按连接件规格选取，不应小于 2 个桁架节间长度

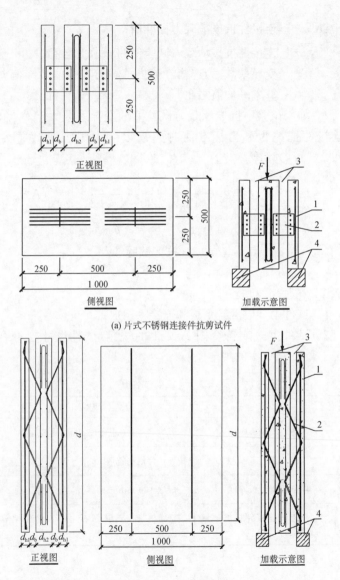

(a) 片式不锈钢连接件抗剪试件

(b) 桁架式不锈钢连接件抗剪试件

1—混凝土板；2—连接件；3—与保温层同厚度的空腔；4—固定支座

图 A.2.1 抗剪试件示意图(mm)

3 混凝土板强度宜取 30 MPa～40 MPa，也可按实际工程选取。板中按现行国家标准《混凝土结构设计规范》GB 50010 和《建筑抗震设计规范》GB 50011 规定的最小配筋率配置钢筋。

4 对于片式不锈钢连接件抗剪试件，每个试件使用 4 个连接件；对于桁架式不锈钢连接件抗剪试件，每个试件使用 4 个连接件，每个连接件应包含 2 个桁架节间；连接件在混凝土板中的锚固长度按连接件规格确定。

5 试件制作按照本标准第 8.3 节的规定进行。试件浇筑时可铺设保温层以方便试件成型；试件运输过程中为避免对于连接件锚固区的影响，不宜去除保温层；试件安装完成后，试验时应去除保温层。对于桁架式不锈钢连接件，当保温层较厚时，应在试验时采用有效措施避免受压腹杆过早屈曲。

A.2.2 试验设备

加载设备应能连续稳定地对试件施加荷载。

A.2.3 试验步骤

1 试验加载时，对试件中部混凝土板施加连续、稳定的均布竖向荷载，加载速度宜控制在 1 kN/min～15 kN/min 的范围内，直至试件破坏。记录极限荷载。

2 同批做 5 个平行试验。

A.2.4 抗剪承载力标准值计算

1 如试件破坏时两侧混凝土板与中部混凝土板间相对滑移不大于 10 mm，试件极限荷载取破坏荷载；如试件破坏时两侧混凝土板与中部混凝土板间相对滑移大于 10 mm，则试件极限荷载取滑移达到 10 mm 前的最大荷载。单个连接件（或桁架节间）抗剪承载力取试件（或桁架节间）极限荷载与连接件数量的比值。

2 连接件抗剪承载力标准值 R_{vk} 按式（A.2.4）计算。

$$R_{vk} = \overline{R_v}(1 - 3.4V) \qquad (A.2.4)$$

式中：R_{vk}——连接件抗剪承载力标准值；

$\overline{R}_v$——连接件抗剪承载力试验值的算术平均值;

V——变异系数,为连接件抗剪承载力试验值标准偏差与算术平均值之比。

3 如果试验中抗剪承载力试验值的变异系数大于20%,确定连接件抗剪承载力标准值时应乘以一个附加系数 α,α 按式(A.1.4-2)计算,其中 V 取连接件抗剪承载力变异系数。

本标准用词说明

1 为便于在执行本标准条文时区别对待,对要求严格程度不同的用词说明如下:
 1）表示很严格,非这样做不可的用词:
  正面词采用"必须";
  反面词采用"严禁"。
 2）表示严格,在正常情况下均应这样做的用词:
  正面词采用"应";
  反面词采用"不应"或"不得"。
 3）表示允许稍有选择,在条件许可时首先应这样做的用词:
  正面词采用"宜";
  反面词采用"不宜"。
 4）表示有选择,在一定条件下可以这样做的用词,采用"可"。

2 标准中指明应按其他相关标准、规范执行时,写法为"应符合……的规定"或"应按……执行"。

引用标准名录

1 《金属材料 拉伸试验 第1部分:室温试验方法》GB/T 228.1
2 《无机硬质绝热制品试验方法》GB/T 5486
3 《建筑材料及制品燃烧性能分级》GB 8624—2012
4 《硬质泡沫塑料吸水率的测定》GB/T 8810
5 《建筑密封材料试验方法 第20部分:污染性的测定》GB/T 13477.20
6 《建筑用硅酮结构密封胶》GB 16776
7 《高分子防水材料 第2部分:止水带》GB/T 18173.2
8 《建筑用墙面涂料中有害物质限量》GB 18582
9 《金属和合金的腐蚀 大气腐蚀性 第1部分:分类、测定和评估》GB/T 19292.1
10 《不锈钢和耐热钢 牌号及化学成分》GB/T 20878
11 《金属材料 弹性模量和泊松比试验方法》GB/T 22315
12 《建筑胶粘剂有害物质限量》GB 30982
13 《建筑模数协调标准》GB/T 50002
14 《建筑结构荷载规范》GB 50009
15 《混凝土结构设计规范》GB 50010
16 《建筑抗震设计规范》GB 50011
17 《建筑设计防火规范》GB 50016
18 《钢结构设计标准》GB 50017
19 《工程测量标准》GB 50026
20 《建筑结构可靠性设计统一标准》GB 50068
21 《工程结构设计基本术语标准》GB/T 50083

22	《工程结构设计通用符号标准》GB/T 50132	
23	《混凝土结构工程施工质量验收规范》GB 50204	
24	《钢结构工程施工质量验收标准》GB 50205	
25	《建筑工程施工质量验收统一标准》GB 50300	
26	《建筑节能工程施工质量验收标准》GB 50411	
27	《混凝土结构耐久性设计标准》GB/T 50476	
28	《纤维增强复合材料工程应用技术标准》GB 50608	
29	《钢结构焊接规范》GB 50661	
30	《混凝土结构工程施工规范》GB 50666	
31	《装配式混凝土建筑技术标准》GB/T 51231	
32	《装配式混凝土结构技术规程》JGJ 1	
33	《高层建筑混凝土结构技术规程》JGJ 3	
34	《钢筋焊接及验收规程》JGJ 18	
35	《建筑施工安全检查标准》JGJ 59	
36	《玻璃幕墙工程技术规范》JGJ 102	
37	《钢筋机械连接技术规程》JGJ 107	
38	《建设工程施工现场环境与卫生标准》JGJ 146	
39	《建筑外墙防水工程技术规程》JGJ/T 235	
40	《钢筋锚固板应用技术规程》JGJ 256	
41	《住宅室内防水工程技术规范》JGJ 298	
42	《建筑防水工程现场检测技术规范》JGJ/T 299	
43	《钢筋套筒灌浆连接应用技术规程》JGJ 355	
44	《钢筋连接用灌浆套筒》JG/T 398	
45	《钢筋连接用套筒灌浆料》JG/T 408	
46	《预制混凝土外挂墙板应用技术标准》JGJ/T 458	
47	《预制保温墙体用纤维增强塑料连接件》JG/T 561	
48	《混凝土接缝用建筑密封胶》JC/T 881	
49	《建筑幕墙工程技术标准》DG/TJ 08—56	
50	《建筑节能工程施工质量验收规程》DGJ 08—113	

51 《现场施工安全生产管理标准》DG/TJ 08—903
52 《装配整体式混凝土结构预制构件制作与质量检验规程》DGJ 08—2069
53 《装配整体式混凝土居住建筑设计规程》DG/TJ 08—2071
54 《装配整体式混凝土结构施工及质量验收标准》DGJ 08—2117
55 《装配整体式混凝土公共建筑设计标准》DG/TJ 08—2154
56 《装配整体式混凝土建筑检测技术标准》DG/TJ 08—2252
57 《装配整体式叠合剪力墙结构技术规程》DG/TJ 08—2266

上海市工程建设规范

预制混凝土夹心保温外墙板应用技术标准

DG/TJ 08—2158—2023
J 13019—2023

条文说明

2023 上海

目 录

1 总 则 ·· 85
2 术语和符号 ·· 86
　2.1 术 语 ··· 86
　2.2 符 号 ··· 86
3 基本规定 ·· 87
4 材 料 ·· 88
　4.1 预制混凝土夹心保温外墙板 ···································· 88
　4.2 混凝土、钢筋和钢材 ·· 88
　4.3 保温材料 ··· 88
　4.4 连接件和连接材料 ·· 89
　4.5 防水材料 ··· 90
5 建筑设计 ·· 91
　5.1 一般规定 ··· 91
　5.2 防水设计 ··· 91
　5.3 防火设计 ··· 92
　5.4 隔声设计 ··· 93
　5.5 热工设计 ··· 93
6 预制混凝土夹心保温剪力墙板结构设计 ··························· 95
　6.1 一般规定 ··· 95
　6.2 作用及作用组合 ·· 95
　6.3 构件与连接设计 ·· 96
　6.4 构造要求 ··· 97
7 预制混凝土夹心保温外挂墙板结构设计 ··························· 99
　7.1 一般规定 ··· 99

7.2	作用及作用组合 ································	99
7.3	构件与连接设计 ································	100
7.4	构造要求 ····································	100

8 生产运输 ·· 102
  8.2 原材料检验 ···································· 102
  8.3 制　作 ·· 102
  8.5 存放和运输 ···································· 103
9 安　装 ··· 104
  9.1 一般规定 ······································ 104
  9.2 安装准备 ······································ 105
  9.3 预制混凝土夹心保温剪力墙板安装 ················ 105
  9.4 预制混凝土夹心保温外挂墙板安装 ················ 108
10 质量验收 ·· 110
  10.1 一般规定 ····································· 110
  10.2 构件验收 ····································· 110
  10.3 安装验收 ····································· 111
11 日常维护 ·· 113

Contents

1 General ·· 85
2 Terms and symbols ······························ 86
　2.1 Terms ··· 86
　2.2 Symbols ······································· 86
3 Basic regulations ································· 87
4 Materials ·· 88
　4.1 Precast concrete sandwich wall panel ············ 88
　4.2 Concrete, steel reinforcement and steel ·········· 88
　4.3 Thermal insulation materials ······················ 88
　4.4 Connector and connection materials ·············· 89
　4.5 Water-proof materials ······························ 90
5 Architectural design ······························ 91
　5.1 General regulations ································ 91
　5.2 Water-proof design ································· 91
　5.3 Fire protection design ····························· 92
　5.4 Acoustic design ···································· 93
　5.5 Thermal design ····································· 93
6 Structural design of precast concrete sandwich shear panel ·· 95
　6.1 General regulations ································ 95
　6.2 Action and action combination ···················· 95
　6.3 Component and connection design ················ 96
　6.4 Detailing requirements ····························· 97

7	Structural design of precast concrete sandwich facade panel	99
	7.1 General regulations	99
	7.2 Action and action combination	99
	7.3 Component and connection design	100
	7.4 Detailing requirements	100
8	Production and transportation	102
	8.2 Rawmaterial inspection	102
	8.3 Manufacture	102
	8.5 Storage and transportation	103
9	Installation	104
	9.1 General regulations	104
	9.2 Installation preparation	105
	9.3 Precast concrete sandwich shear panel installation	105
	9.4 Precast concrete sandwich facade panel installation	108
10	Quality acceptance	110
	10.1 General regulations	110
	10.2 Componet acceptance	110
	10.3 Installation acceptance	111
11	General maintenance	113

1 总　则

1.0.1 预制混凝土夹心保温外墙板将建筑节能和工业化生产融合为一体，符合"节能、降耗、减排、环保"的基本国策，是实现资源、能源可持续发展的重要手段。编制本标准是为了使预制混凝土夹心保温外墙板的设计合理，加强生产运输和安装过程控制，保证施工质量及质量验收。

1.0.2 本条规定了本标准的适用范围，上海市新建居住建筑和公共建筑的预制混凝土夹心保温外墙板设计、生产运输、安装、质量验收、日常维护均可采用本标准。新建工业建筑和改扩建建筑的预制混凝土夹心保温外挂墙板设计、生产运输、安装、质量验收、日常维护也可参照本标准。

1.0.3 本标准所涉及的条文内容主要对预制混凝土夹心保温外墙板与一般预制构件不同的方面作了相应的规定，因此与预制混凝土夹心保温外墙板设计、生产运输、安装、质量验收、日常维护相关的其他要求尚应符合国家和上海市现行有关标准的规定。

2 术语和符号

2.1 术 语

2.1.1 本标准所涉及的墙板关系见图1。

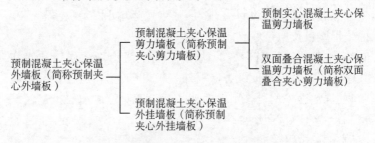

图1 预制混凝土夹心保温外墙板关系图

2.2 符 号

符号主要根据现行国家标准《工程结构设计基本术语标准》GB/T 50083、《工程结构设计通用符号标准》GB/T 50132、《建筑结构可靠性设计统一标准》GB 50068、《建筑结构荷载规范》GB 50009,并结合本标准中的内容给出。

3 基本规定

3.0.1 预制夹心外墙板尺寸主要与制作平台的尺寸以及运输车辆和通行要求有关,同时应满足建筑设计、结构设计、施工吊装等方面要求。因此,在设计前,应对预制生产企业的生产工艺以及运输工具有所了解,使尺寸与建筑模数相协调,以少规格、多组合的方式实现多样化的建筑外围护系统。

3.0.4 连接件是保证预制夹心外墙板内外叶混凝土墙板可靠连接的重要部件,其耐久性应满足设计工作年限的要求。接缝密封材料应在工作年限内定期检查、维护或更新,可参照现行上海市工程建设规范《建筑幕墙工程技术标准》DG/TJ 08—56 执行。

4 材 料

4.1 预制混凝土夹心保温外墙板

4.1.2 外观质量是预制夹心外墙板的一个重要性能指标。外观质量缺陷轻则影响建筑物的美观,重则影响墙板的使用功能和结构性能。因此,将墙板作为产品,本条要求其外观质量应符合现行国家标准《装配式混凝土建筑技术标准》GB/T 51231 的规定,从而保证墙板质量。

4.2 混凝土、钢筋和钢材

4.2.1 本条的混凝土指预制夹心外墙板在工厂预制生产用混凝土。

4.3 保温材料

4.3.1,4.3.2 预制夹心外墙板集建筑、结构、保温、防水、防火、装饰等多功能于一体,在我国得到越来越多的推广。节能保温是预制夹心外墙板的重要功能之一,因此保证夹心保温材料的性能尤其重要。保温材料的导热系数会影响预制夹心外墙板的厚度。在墙板生产过程中,保温材料会受到混凝土自重压力及振捣而被压缩,湿拌混凝土的水分以及墙板在运输、储存过程中的雨水如果进入保温材料,均会降低墙板的热工性能。因此,预制夹心外墙板的保温层应选用导热系数低、抗压强度高、体积吸水率低的材料。

4.4 连接件和连接材料

4.4.2 不锈钢的品种很多,其中奥氏体型不锈钢导热性差,塑性、韧性、焊接性和冷加工性良好,因此更适合制作不锈钢连接件。目前,最常用的奥氏体型不锈钢是 S30408、S30403、S31608、S31603。对大气环境腐蚀性高的工业密集区及海洋氯化物环境地区,应采用耐腐蚀性能更好的 S316××奥氏体型不锈钢,大气环境的腐蚀性可参考现行国家标准《金属和合金的腐蚀 大气腐蚀性 第1部分:分类、测定和评估》GB/T 19292.1 确定,海洋氯化物环境地区参考现行国家标准《混凝土结构耐久性设计标准》GB/T 50476 确定。此外,由于 S30403 的焊接性能优于 S30408,S31603 的焊接性能优于 S31608,当连接件对焊接性能要求较高时应优先采用 S30403、S31603。

在编制组完成试验的基础上,结合国内市场相关产品技术资料和相关标准,本条给出了连接件中不锈钢材料的主要力学性能要求以及抗拔承载力和抗剪承载力标准值要求。连接件的抗拔承载力和抗剪承载力与连接件的锚固构造、连接件的横截面形式、墙板混凝土强度、连接件材料力学性能等因素有关,难以采用统一的方法计算。因此,本标准建议通过试验确定。

4.4.4 预制夹心外挂墙板与建筑物主体结构之间的连接方式,根据建筑物不同的层高、不同的抗震设防烈度等条件,可以采用许多不同的形式。当建筑物层数较低时,通过钢筋锚固板、预埋件等进行连接,也是可行的连接方式。其中,钢筋锚固板、预埋件和连接件、连接用焊接材料、螺栓、锚栓和铆钉等紧固件,应符合国家现行相关标准的规定。

4.4.5 钢筋套筒灌浆连接接头的工作机理,是灌浆套筒内灌浆料有较高的抗压强度,同时自身还具有微膨胀特性,当它受到灌浆套筒的约束作用时,在灌浆料与灌浆套筒内侧筒壁间产生较大的正向应力,钢筋借此正向应力在其带肋的粗糙表面产生摩擦力,从而传递钢筋轴向应力。因此,套筒应具有较大的刚度和较小的变形能力,灌浆料应具有高强、早强、无收缩和微膨胀等基本特性,以使其能与套筒、被连接钢筋更有效地结合在一起共同工作,同时满足装配式结构快速施工要求。

4.5 防水材料

4.5.1 根据预制夹心外墙板接缝的特点,密封胶应同时具有良好的位移性和蠕变性、优异的粘结性和相容性以及耐候性和低污染性。目前市场上常用的密封胶包括聚氨酯密封胶、硅酮改性密封胶等。现行行业标准《混凝土接缝用建筑密封胶》JC/T 881中,建筑密封胶按位移能力分为 12.5、20、25、35、50 等多个级别,按模量又分为高模量(HM)和低模量(LM)。考虑密封胶的服役环境和特点,本标准规定用于预制夹心外墙板接缝用密封胶为位移能力不低于 25LM 的低模量建筑密封胶。

4.5.3 背衬材料的主要作用是控制密封胶胶体的厚度并避免出现三面粘接妨碍变形。若其与底涂发生不良反应,会对密封胶的施工和性能产生不良影响。

5 建筑设计

5.1 一般规定

5.1.2 采用模数制进行预制夹心外墙板尺寸控制,结合可组合模具、可变模具等技术,可以有效减少预制夹心外墙板的规格,有效降低生产建造成本。

5.1.3 装饰混凝土一般是指采用各类表面造型模具、表面处理工艺等对混凝土外观进行纹理、色彩、色调、质感、肌理等表现形式的再造,以满足特定的功能。因装饰混凝土表面处理对建筑外立面效果和预制生产工艺有一定的影响,因此应在预制夹心外墙板生产前确定表面的颜色、质感、图案等要求,以便于确定生产工艺。

5.1.4 连接件抗剪承载力随着保温层厚度的增加而降低。保温层厚度过小则得不到理想的保温效果,过大则不能保证连接件抗剪承载力。

5.2 防水设计

5.2.2 预制夹心外墙板板边做成特殊形状,拼接后形成与大气连通的减压空腔以阻断毛细水,并通过竖向空腔的排水管排出进入空腔的雨水,成为外墙的构造防水。预制夹心外挂墙板竖向空腔部位易成为火灾时高温烟气层间蔓延通道,应按防火分区竖向分界线分段,并在分段底部设置排水管。

5.2.4 预制夹心外挂墙板接缝宽度应考虑立面分格、极限温度变形、风荷载及地震作用下的层间位移、密封材料最大拉伸-压缩变形量及施工安装误差等因素设计计算，接缝宽度计算方法参照现行行业标准《预制混凝土外挂墙板应用技术标准》JGJ/T 458 附录 A。

5.2.5 预制夹心外墙板板边构造需综合考虑板体受力状况与结构计算模型一致性及板体接缝防水性能要求。

5.2.6 预制夹心外墙墙体设计是项目设计的重要组成部分。预制夹心外墙板顶部构造设计的目的是减小雨水进入保温层的可能性；滴水槽可有效防止外墙悬挑部位雨水沿表面流淌而污染下方预制外墙面，保持墙面整洁。

预制夹心外墙板与阳台、空调板相接处水平缝在工程实践中较易成为渗水通路，导致雨水进入室内地面层，增加该处水平缝密实度以阻断渗水通路是避免该处渗水的有效措施。

5.2.7 预制夹心外墙板上的门窗框与洞口连接构造应保证洞口处保温层不与室外环境直接接触，以保证连接部位的防水性和气密性。

5.2.8 建筑外墙不仅要阻止室外雨水向室内渗透，也要防止室内有水房间积水向外墙渗漏。预制夹心外墙板与楼板接缝位置是装配式建筑外墙防水最薄弱的部位，需要加强该部位的防水构造。

5.2.9 沿建筑外墙面敷设管线时，螺栓穿透外叶墙板将导致墙面雨水沿螺栓孔渗入保温层，引起保温层失效并产生无规律渗水隐患。

5.2.10 为防止雨水进入室内和墙板内部，预制夹心外墙板穿墙孔洞设计应内高外低，并应采取可靠的阻水措施。

5.3 防火设计

5.3.2 本条参照现行国家标准《建筑防火设计规范》GB 50016 的相关条文制定。水平缝的连续密封长度参考紧靠防火墙两侧的门窗洞口之间最近边缘的水平距离确定,竖缝的连续密封长度参考相邻两个楼层的门窗洞口之间最近边缘的垂直距离确定。

5.3.4 本条主要强调预制夹心外挂墙板与各层楼板、防火墙相交部位应设置防火封堵,这类构造与建筑幕墙做法类似,现行上海市工程建设规范《建筑幕墙工程技术标准》DG/TJ 08—56中已经有明确要求。

5.3.5 本条根据现行国家标准《建筑设计防火规范》GB 50016相关规定,结合预制夹心外墙板构造特点编写。

5.4 隔声设计

5.4.3 作业完成后应对预制夹心外墙板上的孔洞进行密封处理,否则影响墙板的保温、隔声、防水性能。

5.5 热工设计

5.5.3 根据现行国家标准《建筑节能与可再生能源利用通用规范》GB 55015附录B的规定,为准确计算预制夹心外墙板的传热系数,编制组建立了预制夹心外墙板传热系数计算模型,并通过现场实测加以验证。验证结果显示,预制夹心外墙板传热系数计算模型的计算结果与现场传热系数实测结果偏差在6%以内,说明计算模型可信。

编制组根据本标准规定的预制夹心外墙板相关构造、尺寸、封边情况及连接件材质对常用保温材料类型和厚度的墙板传热系数进行了计算,计算边界条件如表1所示,计算结果汇总为表5.5.3-1~表5.5.3-4。进行热工设计时,预制夹心外墙板传热系数应根据保温材料类型和厚度直接选取。为减少设计计算工作量,以及充分保证预制夹心外墙板的热工性能,本条规定当墙板保温层厚度介于表 5.5.3-1～表 5.5.3-4 中相邻两档厚度之间时,按保温层相邻两档厚度下限取值,不可采用插入法取值;某墙板保温层厚度为 52 mm、55 mm 或 58 mm 时,均按 50 mm 厚度取值。表 5.5.3-1～表 5.5.3-4 中预制夹心外墙板的传热系数已考虑该外墙板的结构性热桥等不利因素,可直接根据保温材料及厚度选取,或可直接根据传热系数要求选择保温材料及保温层厚度,不需要再进行外墙平均传热系数计算。

研究发现,当预制夹心外墙板中夹心保温层厚度达到一定程度后,再仅通过增加保温层厚度,墙体传热系数降低已不明显,而墙体安全性等风险却相对增加。因此,对于采用夹心墙板的超低能耗等更高节能设计建筑,应采用夹心墙板与其他保温方式相结合的组合保温方式。对于组合保温方式,其墙体平均传热系数=[1/(1/夹心墙板传热系数)+其他保温墙体热阻],其中夹心墙板传热系数从本标准相对应的表中查取,其他保温措施的热阻通过保温层厚度与修正导热系数相除计算确定。

表 1 预制夹心外墙板传热系数的计算边界条件

墙板类型	墙板			窗洞口	
	构造	尺寸	封边情况	尺寸	封边情况
预制夹心剪力墙板	60 mm 钢筋混凝土+保温层+200 mm 钢筋混凝土	3 m×3 m	墙板顶边采用 60 mm 混凝土封边,封边处采用 20 mm 厚发泡橡塑隔离处理	1.5 m× 1.5 m	洞口四周采用 60 mm 混凝土封边,封边处采用 20 mm 厚发泡橡塑隔离处理
预制夹心外挂墙板	60 mm 钢筋混凝土+保温层+60 mm 钢筋混凝土				

6 预制混凝土夹心保温剪力墙板结构设计

6.1 一般规定

6.1.1 预制夹心剪力墙的接缝对其抗侧刚度有一定的削弱作用,应考虑对弹性计算的内力进行调整,适当放大现浇剪力墙在地震作用下的剪力和弯矩,预制剪力墙的剪力及弯矩不减小,偏于安全。

6.1.2 重点设防类建筑中的预制夹心剪力墙板的抗震设计要求参照现行国家标准《建筑抗震设计规范》GB 50011 和现行行业标准《高层建筑混凝土结构技术规程》JGJ 3 的规定制定。

6.1.4 桁架式、片式和针式不锈钢连接件以及片状和棒状纤维增强复合材料(FRP)连接件是目前国内外应用较为普遍且有完整技术资料支撑的连接件类型。

6.2 作用及作用组合

6.2.1 对预制夹心剪力墙结构进行承载能力极限状态和正常使用极限状态验算时,荷载和地震作用的取值及其组合应按行业现行相关标准执行。

6.2.2 本条规定与现行国家标准《混凝土结构工程施工规范》GB 50666 相同。

6.2.3 预制夹心剪力墙板进行脱模时,受到的荷载包括自重、脱模起吊瞬间的动力效应、脱模时模板与构件表面的吸附力。其中,动力效应采用构件自重标准值乘以动力系数计算;脱模吸附力是作用在构件表面的均布力,与构件表面和模具状况有关,一般不小于 1.5 kN/m²。等效静力荷载标准值取构件自重标准值乘以动力系数后与脱模吸附力之和。

6.2.4 本条主要用于验算浇筑工况下双面叠合夹心剪力墙板内、外叶墙板的承载力、变形及抗裂，以及连接件的承载力。验算时，内力及变形可采用有限元方法计算。

6.3 构件与连接设计

6.3.2 现浇混凝土、灌浆料或座浆料与预制剪力墙结合面的抗剪强度往往低于预制剪力墙本身混凝土的抗剪强度。因此，预制剪力墙的接缝一般都需要进行受剪承载力的计算。本条对各种接缝的受剪承载力提出了总的要求。

对于预制夹心剪力墙结构的控制区域，应保证接缝的承载力设计值大于被连接构件的承载力设计值乘以接缝受剪承载力增大系数，接缝受剪承载力增大系数根据抗震等级、连接区域的重要性以及连接类型，参照国外相关标准的规定确定。同时，也要求接缝的承载力设计值大于设计内力，保证接缝的安全。对于其他区域的接缝，可采用延性连接，允许连接部位产生塑性变形，但要求接缝的承载力设计值大于设计内力，保证接缝的安全。

6.3.6 预制夹心剪力墙板纵向钢筋的锚固多采用锚固板的机械锚固方式，伸出墙板的钢筋长度较短且不需弯折，便于墙板加工及安装。

6.3.8 纤维增强复合材料(FRP)连接件长期在所处环境的酸碱盐、湿度、温度等作用下，性能会有不同程度的降低。此外，纤维增强复合材料(FRP)连接件在低于其承载力的拉力长期作用下存在发生蠕变断裂的可能。因此，本条规定在确定纤维增强复合材料(FRP)连接件拉伸强度设计值时需考虑上述两个因素的影响，而层间剪切强度设计值应考虑混凝土环境影响。环境影响系数和长期荷载影响系数的具体数值可按照现行国家标准《纤维增强复合材料工程应用技术标准》GB 50608 的相关规定取值。

6.3.9 不锈钢针式连接件截面尺寸小，抗剪刚度低，能够承担的剪力很小，通常不单独使用，而是与不锈钢片式连接件或桁架式连接件组合使用。国内外大量工程实践均表明，当采用不锈钢片式和针式连接件的组合或不锈钢桁架式和针式连接件的组合时，分别验算连接件抗拔和抗剪承载力；而单独采用不锈钢桁架式连接件、纤维增强复合材料（FRP）棒状或片状连接件时考虑抗拔承载力和抗剪承载力的耦合，可同时满足经济性和安全性要求。

6.3.10 对地震设计状况，仅进行多遇地震作用下的验算。对设防地震和罕遇地震，通过考虑连接件承载力分项系数、保证连接件材料的断后伸长率及锚筋构造等，实现连接件破坏具有一定延性和外叶板在罕遇地震作用下不发生整体脱落的目的。

6.3.11 为了达到节约材料、方便施工、吊装可靠的目的，并避免外露金属件的锈蚀，预制夹心外墙板的吊件宜优先采用内埋式螺母和内埋式吊杆。

6.4 构造要求

6.4.2, 6.4.3 编制组完成的一系列预制夹心剪力墙板及其连接件受力性能试验以及国内外相关试验结果均表明，桁架式不锈钢连接件和 FRP 连接件采用矩形或梅花形布置、间距 400 mm～600 mm、距墙体边缘 100 mm～300 mm 的构造可保证预制夹心剪力墙板具有良好的受力性能；对于双面叠合夹心剪力墙板，应根据现行国家标准《混凝土结构工程施工规范》GB 50666 的相关条文，计算混凝土浇筑工况下内外叶墙板和连接件的承载力，桁架式连接件和 FRP 连接件布置间距不宜大于 400 mm。

当预制夹心剪力墙板采用片式和针式不锈钢连接件组合使用，片式连接件在水平方向和竖向各设置不少于 2 个、距墙体边缘不小于 300 mm，针式连接件均匀布置、间距 200 mm～

1 200 mm、距墙体边缘 100 mm～300 mm 的构造可保证预制夹心剪力墙板具有良好的受力性能。

6.4.5 预制夹心剪力墙板的外叶墙板厚度主要由建筑功能要求、连接件锚固构造要求以及墙体抗火性能要求等因素决定。根据编制组完成的预制夹心剪力墙板及其纤维增强复合材料(FRP)连接件的受力性能试验和抗火性能试验结果,并参照国内外现有研究成果,制定了本条关于采用纤维增强复合材料(FRP)连接件的预制夹心剪力墙板的构造规定。

7 预制混凝土夹心保温外挂墙板结构设计

7.1 一般规定

7.1.3 预制夹心外挂墙板与主体结构之间可以采用多种连接方法，应根据建筑类型、功能特点、施工吊装能力以及外墙的形状、尺寸以及主体结构层间位移量等特点，确定预制夹心外挂墙板的类型，以及连接件的数量和位置。对预制夹心外挂墙板和连接节点进行设计计算时，所取用的计算简图应与实际连接构造相一致。

7.2 作用及作用组合

7.2.2、7.2.3 预制夹心外挂墙板和连接节点上的作用与作用效应的计算，均应按照现行国家标准《建筑结构可靠性设计统一标准》GB 50068、《建筑结构荷载规范》GB 50009 和《建筑抗震设计规范》GB 50011 的规定执行。同时应注意：

1 对预制夹心外挂墙板进行持久设计状况下的承载力验算时，预制夹心外挂墙板仅承受平面外的风荷载；当进行地震设计状况下的承载力验算时，除应计算预制夹心外挂墙板平面外水平地震作用效应外，尚应分别计算平面内水平和竖向地震作用效应，特别是对开有洞口的预制夹心外挂墙板，更不能忽略后者。

2 承重节点应能承受重力荷载、预制夹心外挂墙板平面外风荷载和地震作用、平面内的水平和竖向地震作用；非承重节点仅承受上述各种荷载与作用中除重力荷载外的各项荷载与作用。

3 在一定的条件下，旋转式外墙可能产生重力荷载仅由一个承重节点承担的工况,应特别注意分析。

4 计算重力荷载效应值时,除应计入预制夹心外挂墙板自重外,尚应计入依附于预制夹心外挂墙板的其他部件和材料的自重。

5 计算风荷载效应标准值时,应分别计算风吸力和风压力在预制夹心外挂墙板及其连接节点中引起的效应。

6 对重力荷载、风荷载和地震作用,均不应忽略由于各种荷载和作用对连接节点的偏心在预制夹心外挂墙板中产生的效应。

7 预制夹心外挂墙板和连接节点的截面和配筋设计应根据各种荷载和作用组合效应设计值中的最不利组合进行。

7.2.4,7.2.5 预制夹心外挂墙板的地震作用是依据现行国家标准《建筑抗震设计规范》GB 50011 对于非结构构件的规定制定的,并参照现行行业标准《预制混凝土外挂墙板应用技术标准》JGJ/T 458、《玻璃幕墙工程技术规范》JGJ 102 的规定,对计算公式进行了简化。

7.3 构件和连接设计

7.3.1 预制夹心外挂墙板是建筑物的外围护构件,主要承受自重、直接作用于其上的风荷载和地震作用,以及温度作用。

7.3.4 根据编制组完成的预制夹心保温外挂墙板平面外静力试验,内外叶墙板间存在滑移,降低了墙板的承载力和刚度。结合大量有限元参数分析和理论计算,考虑连接件型式、布置间距、保温层厚度等因素对于承载力和刚度降低的影响,确定了承载力折减系数和刚度折减系数。

7.4 构造要求

7.4.1 根据我国国情,主要是我国吊车的起重能力、卡车的运输能力、施工单位的施工水平以及连接节点构造的成熟程度,目前还不宜将构件做得过大。构件尺度过长或过高,如跨越2个层高后,主体结构层间位移对预制外墙内力的影响较大,有时甚至需要考虑构件的$P-\Delta$效应。由于目前相关试验研究工作做得还比较少,本章内容仅限于跨越1个层高、1个开间的预制夹心外挂墙板。但对于顶层和底层预制夹心外挂墙板,可根据屋顶女儿墙和地下室外墙的具体情况,在不影响主体结构受力性能和预制夹心外挂墙板安全性能的前提下适当调整预制夹心外挂墙板的尺寸。

7.4.2 预制夹心外挂墙板受到平面外风荷载和地震作用的双向作用,因此预制夹心外挂墙板的内、外叶混凝土板均宜采用双向配筋,且应满足最小配筋率的要求。

7.4.5 预制夹心外挂墙板的内、外叶墙板厚度主要由建筑功能要求、连接件锚固构造要求,以及墙体抗火性能要求等因素决定。根据编制组完成的预制夹心外挂墙板及其连接件的受力性能试验和抗火性能试验结果,并参照国内外现有研究成果,制定了本条关于采用纤维增强复合材料(FRP)连接件的预制夹心外挂墙板的构造规定。

8 生产运输

8.2 原材料检验

8.2.2，8.2.3 保温板质量影响预制夹心外墙板的热工性能，混凝土强度、连接件的抗拔及抗剪承载力、灌浆套筒和接头工艺质量影响预制夹心外墙板的安全性能。因此，在预制夹心外墙板制作前应对保温板、连接件的抗拔及抗剪承载力、灌浆套筒和接头工艺、混凝土配合比进行检验。

灌浆套筒应在预制夹心剪力墙板生产前通过接头工艺检验确定现场灌浆施工的可行性，发现灌浆工艺存在的问题并及时进行改进，确保灌浆接头满足相关标准及结构安全性的要求。

8.3 制 作

8.3.1 采用纤维增强复合材料（FRP）连接件时，对浇捣时间进行要求是为了确保纤维增强复合材料（FRP）连接件的锚固性能。同时应控制混凝土浇筑前的坍落度，并应根据气温、成型时间等因素，调节混凝土初凝时间，保证混凝土在整个墙板制作过程中具有一定流动性。

8.3.2 双面叠合夹心剪力墙板由内、外叶墙板叠合而成，需要两个模台协同生产，在外叶墙板翻转180°前，应确保内叶墙板钢筋骨架的连接固定，将连接件和钢筋骨架扣入内叶墙板混凝土时，应采用限位措施，控制墙板厚度。

8.3.3 在预制夹心外墙板成型过程中，为了确保外叶墙板混凝土、保温板和内叶墙板混凝土厚度满足设计要求，可在边模处设置外叶墙板混凝土、保温板和内叶墙板混凝土的厚度标记；铺装保温板前，使用振动拖板等工具是为了保证混凝土表面呈平整状态，有利于保温板和外叶墙板混凝土紧贴。

8.3.4 连接件与混凝土的锚固性能是影响预制夹心外墙板安全性能的重要因素之一。为了保证连接件的安装质量，在墙板制作过程中，连接件安装应按设计和产品说明书要求进行。

混凝土容易通过保温板拼缝进入保温层形成冷热桥，建议在保温板拼缝处注入发泡聚氨酯来避免混凝土进入保温板缝隙。

8.3.6 因保温板承载能力有限，对上层钢筋骨架可采用垫块与吊挂结合形式来确保钢筋保护层厚度。

8.5 存放和运输

8.5.2 预制夹心外墙板在存放和运输过程中应采取覆盖塑料膜或油布等防雨措施，其目的是控制预制夹心外墙板中混凝土和保温材料的含水率，避免预制夹心外墙板在使用过程中产生干燥收缩、开裂以及保证墙板的热工性能。

8.5.3 预制夹心外墙板的主体墙板为主要受力部位，如果存放和运输时垫块设置不当，容易导致墙板开裂或连接件受损。

9 安 装

9.1 一般规定

9.1.1 专项施工方案应详细考虑预制夹心外墙板安装施工中的各项技术细节。通过预制夹心外墙板运输道路与堆放、起吊安装、临时支撑的安全性验算和安全防护措施,确保施工过程的安全;通过安装顺序控制及连接节点的高质量施工,确保结构的安全;通过预制夹心外墙板保护方案、防水措施、安装质量管理,确保使用性能满足要求。

9.1.3 预制夹心外墙板进场后的成品保护是确保现场施工安全、顺利进行的重要措施,应予以重视。

9.1.4 吊索与水平面的夹角较小时,吊索在吊点处产生较大的水平分力,易造成吊装埋件或混凝土破坏,从而导致安全事故,或造成裂缝及其他缺陷,影响后期施工及使用;吊机主钩、吊具、墙板重心在竖直方向重合,有利于预制夹心外墙板空间位置与角度的调整及墙板就位。

9.1.6 吊车司机一般距堆放场地或作业面距离较远,受角度及各种障碍物影响,不易观察预制夹心外墙板起吊及安装过程中的各种情况。为避免发生安全事故,信号工应及时、准确地发出指令。

9.1.7 预制夹心外墙板安装施工质量要求高。为避免由于设计或施工缺乏经验造成工程实施障碍或损失,保证预制夹心外墙板施工质量,并不断摸索和积累经验,应通过试安装进行验证性试验。根据预制夹心外墙板试安装施工中发现的问题,及时调整安装工艺和技术质量控制措施。预制夹心外墙板的试安装应特别重视墙板安装精度及调节工艺、外饰面保护、板缝密封胶施工等环节。预制夹心外墙板完成试安装后,应对首段安装墙板进行验收,建立首段安装验收制度。

9.2 安装准备

9.2.5 为提高预制夹心外墙板的气密性能,通常会在板缝内侧设置密封条。密封条应在墙板吊装之前粘贴在墙板侧面。由于墙板安装完成后无法对密封条的粘贴质量进行检查,因此需在墙板吊装前检查密封条的粘贴牢固性和完整性。

为确保预制夹心外墙板的安装精度满足规范及设计的要求,提高安装效率,有必要在已完成的结构作业面测量放线,包括水平定位线、标高线、辅助定位线等,在预制夹心外墙板表面也应弹出相应的控制线,安装时将预制夹心外墙板表面弹线与作业面相应弹线对齐以使预制夹心外墙板安装精度满足要求。预制夹心外墙板装配位置、节点连接构造、临时支撑方案等应在施工专项方案中列出,并在施工前进行复核,确保施工能够顺利进行。吊装设备、吊具等关系施工的安全,应予以重视。当现场环境、道路情况、天气等不满足吊装施工要求时,不得强行进行吊装作业;当风力较大时,吊装作业存在巨大安全隐患,也不得进行吊装。

9.3 预制混凝土夹心保温剪力墙板安装

9.3.1 为确保预制夹心剪力墙板就位时被连接钢筋能够顺利进入套筒内,应仔细检查钢筋与套筒的位置及对中情况、钢筋的长度、钢筋的垂直度、套筒的深度、套筒内是否有杂物等;预制夹心剪力墙板是结构的受力构件,其竖向钢筋连接须达到Ⅰ级接头水平,故对套筒及钢筋的检查应严格要求。

9.3.2 预制夹心剪力墙板吊运、安装的施工方案应结合设计要求;吊点位置、吊具设计、吊运方法及顺序、临时固定方法,应根据设计计算及安装施工方案确定。

9.3.3 墙板临时支撑是墙板组成结构、参与结构受力之前的临时固定措施,既用于承受墙板在安装及后续施工过程中受到的施工荷载、风荷载等水平荷载作用,限制墙板水平位移及垂直度偏移,又用于墙板就位时位置的精确调整。对于预制夹心剪力墙板,应设置至少2道临时支撑,并经过受力验算后选择规格型号;由于预制夹心剪力墙板安装就位后可能受到的水平荷载包括施工荷载、风荷载等,其合力方向既可能使临时支撑承受压力,也可能使临时支撑承受拉力,故应选择能够同时承受压力和拉力的接头形式,且对接头的受力性能及预埋件的强度进行验算。

9.3.4 钢筋连接灌浆套筒内灌浆的时间有两种选择:预制夹心剪力墙板安装后即行灌浆、灌浆作业滞后于结构施工作业层。两种灌浆时间各有优缺点,应根据实际需求及施工组织确定。

9.3.5 预制实心混凝土夹心保温剪力墙板的灌浆通常采用连通腔灌浆方式。根据现行行业标准《钢筋套筒灌浆连接应用技术规程》JGJ 355 以及施工现场调研结果,本条规定了连通区域划分大小、连通区域内排气孔的设置、接缝周围的封堵规定。

9.3.6 灌浆套筒与灌浆料应经型式检验合格后配套使用。本条规定的主要目的在于检验现场灌浆施工的工艺,验证现场灌浆工艺的可行性、发现现场灌浆工艺存在的问题并及时进行改进,确保灌浆接头满足相关标准的要求及结构安全性的要求。因此,当钢筋厂家或规格、灌浆施工队伍等发生变化时,应重新进行工艺检验。此外,本条规定的工艺检验是为施工现场服务,与相关标准规定的灌浆套筒埋入预制构件时进行的工艺检验须加以区分,不可随意合并或替代。

9.3.7 灌浆套筒的灌浆施工作业是关系装配式结构安全性的重要施工项,应严格执行行业标准的相关要求,包括灌浆料的检查、拌制工艺、使用时间、使用温度、流动性检查、灌浆压力、灌浆工艺等。

9.3.8 为保证双面叠合夹心剪力墙板空腔层现浇混凝土的浇筑质量，在浇筑现浇混凝土之前，墙板内表面及楼板表面应用水充分润湿，并进行分层连续浇筑，用规定等级及相应坍落度的混凝土均匀地按水平方向分层浇筑。根据工程经验，浇筑过程中混凝土的浇筑速度不宜过快，速度过快容易引起混凝土侧压力过大，导致双面叠合夹心剪力墙板出现胀模。当混凝土的浇筑速度超过本标准规定时，需重新验算预制墙板承受的混凝土侧压力，并采取有效措施。

9.3.10 现浇混凝土部位是装配式剪力墙结构形成整体受力体系的重要部位，其钢筋连接的质量影响到结构的受力，应严格按照设计施工。预埋件、管线、线盒等安装不到位或规格、数量不正确将造成施工困难、不满足使用功能等问题，应根据图纸严格检查验收。

9.3.12 现浇节点混凝土浇筑可能发生漏浆、胀模等情况，应在模板设计与安装时加以考虑。

9.3.13 接缝防水施工是预制夹心外墙板安装施工过程中的关键工序，其质量直接影响到预制夹心外墙板的使用功能。墙板边缘凹槽和板缝空腔主要起到平衡内外空气压力，阻断外部水分渗透路径等作用，在墙板安装过程中应采取措施避免水泥浆料及其他杂质渗入板缝空腔中，防水施工前，应将板缝空腔清理干净。

接缝密封胶背衬材料主要起到控制密封胶厚度便于密封胶施工的作用，同时还能避免密封胶与接缝混凝土三面粘结。在背衬材料填塞过程中，应保持背衬材料在接缝中的深度与密封胶厚度一致，且背衬材料与两侧混凝土填充密实。墙板十字接缝处的密封胶受力变形复杂，施工质量控制难度大，易成为防水薄弱部位，在密封胶施工过程中，此处应一次施工完成，严格控制密封胶的施工质量。

9.3.16 外围护架施工时，不应在预制夹心剪力墙板上临时开洞。必要时,应根据设计要求在预制夹心剪力墙板工厂加工时预留螺栓孔洞。

9.3.17 对于外围护架固定在墙体的预留螺栓孔直径一般不会超过 50 mm,可按照普通穿墙螺栓孔封堵工艺,并兼顾考虑防水和保温等问题,本条规定了预制夹心剪力墙板的预留螺栓孔洞的封堵措施(见图 2)。

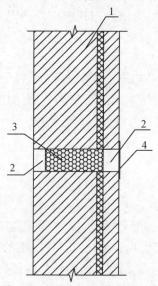

1—预制夹心剪力墙板;2—1:2 干硬性膨胀水泥砂浆;3—聚氨酯发泡;4—防水材料

图 2 墙板预留孔洞封堵构造示意图

9.4 预制混凝土夹心保温外挂墙板安装

9.4.1 预制夹心外挂墙板不参与结构整体受力计算,在设计时仅考虑自重、风荷载、地震荷载等,其约束条件及计算模型对墙板自身的受力状态、变形能力均有较高要求。在安装施工中,为使墙板进入设计位置且完成与主体结构的连接,一般需要通过临时固定组件对墙板进行临时固定。如临时固定组件改变了墙板的约束及受力状态,在墙板与主体结构的连接达到设计要求后,应移除临时固定组件。

9.4.3 预制夹心外挂墙板不能通过板缝进行传力,施工时要保证板的四周接缝不得混入硬质杂物。

9.4.4 线支承式预制夹心外挂墙板的安装施工与预制夹心剪力墙板相似,可参照相关规定执行。

9.4.5 点支承式预制夹心外挂墙板,当安装过程中与外围护架相互影响时,应做好安全防护措施。

9.4.6 点支承式预制夹心外挂墙板,通过预埋连接件与主体结构连接。连接件预埋的准确性决定了墙板安装的效率及安全性。

9.4.7 点支承式预制夹心外挂墙板,通过连接件与主体结构连接。连接件预埋部位的混凝土强度决定预制夹心外挂墙板固定的安全性。

10 质量验收

10.1 一般规定

10.1.1 预制夹心外墙板工程质量验收除应符合本标准的要求外,尚应符合国家和上海市现行有关标准的规定。

10.2 构件验收

10.2.1 外观质量、尺寸偏差和混凝土抗压强度是简单且直观地反映预制夹心外墙板质量的基本指标,因此在出厂合格证上应包含这三个指标。混凝土、钢筋、保温板的质量、灌浆套筒及其接头质量、连接件的材料性能及与混凝土的协同工作性能是影响预制夹心外墙板质量的重要因素,因此,质量证明文件应包含混凝土、钢筋、保温板、连接件和灌浆套筒及其接头的相关检验报告。

10.2.3 对于预制夹心外墙板出现外观质量严重缺陷、影响结构性能和安装、使用功能的尺寸偏差以及连接件类别、数量和位置不符合设计要求等情形应作退场处理。如经设计同意可以进行修理使用,则应制定处理方案并获得监理确认,预制夹心外墙板生产单位应按技术处理方案处理,处理后应重新验收。

10.2.4 预制夹心外墙板的预埋件和预留孔洞等应在进场时按设计要求检查,合格后方可使用,避免在构件安装时发现问题,造成不必要的损失。

10.2.6 本条规定预制夹心外墙板表面的标识清晰、可靠,以确保能够识别预制夹心外墙板的"身份",并可追溯在施工全过程中发生的质量问题。如有必要,尚需通过约定标识表示墙板在结构中安装的位置和方向、吊运过程中的朝向等。为鼓励技术发展，也可以采用内置芯片或在表面制作二维码的方式，预制夹心外墙板的所有信息均在芯片或二维码中记录。

10.2.8 预制夹心外墙板的装饰外观质量应在进场时按设计要求进行检验，合格后方可使用。如果出现偏差情况，应与设计人员协商相应处理方案。如设计人员不同意处理，应作退场报废处理。

10.3 安装验收

10.3.2 连接部位的现浇混凝土与现浇结构同时浇筑时，可以合并验收。对有特殊要求的现浇混凝土，应单独制作试块进行检验评定。

10.3.3，10.3.4 钢筋套筒灌浆连接和浆锚搭接连接是装配式混凝土结构的重要连接方式，灌浆料强度和灌浆质量是影响连接接头受力性能的关键，应严格控制。对于现浇与预制转换层，灌浆质量存在隐患的可能性较大，故应在不少于5个预制夹心剪力墙板上随机抽取15个套筒，采用可靠方法进行灌浆饱满性实体抽检；后续施工时，每层应在3个预制夹心剪力墙板上随机抽取不少于3个套筒，采用可靠方法进行灌浆饱满性实体抽检。

10.3.7 在双面叠合夹心剪力墙板内叶墙板空腔的浇筑过程中，由于空腔底部存在竖向搭接连接钢筋，底部的连接钢筋较密，且振捣棒对于底部混凝土的振捣效果相对较弱，内叶墙板空腔现浇混凝土的浇筑质量会直接体现在底部拼缝上。因此，对于双面叠合墙板内叶墙板的现浇混凝土质量检查，可先观察底部水平拼缝处的现浇混凝土质量，对于出现严重缺陷的部位，根据现行上海市工程建设规范《装配整体式混凝土建筑检测技术标准》DG/TJ 08—2252采用超声法进行检测。

10.3.15 装配式混凝土结构的墙板接缝施工质量是保证装配式

外墙防水性能的关键,施工时应按设计要求进行选材和施工,并采取严格的检验验证措施。

预制夹心外墙板接缝的现场淋水试验应在精装修进场前完成,某处淋水试验结束后,若背水面存在渗漏现象,应对该检验批的全部外墙板接缝进行淋水试验,并对所有渗漏点进行整改处理,并在整改完成后重新对渗漏的部位进行淋水试验,直至不再出现渗漏点。

11 日常维护

11.0.1 通常预制夹心外墙板的拼缝处设置有密封胶、空腔、排水孔、内部防水措施,构成防排水系统。施工过程中,如密封胶施工质量原因引起的拼缝处进水,空腔被堵塞造成排水不畅,都会直接影响外墙防水效果,应定期维护。